垃圾填埋场地下水金属和有机污染特征及监控预警技术

王　敏　吴　涛　鲁　佳　　著
徐　蕾　王　磊　王志红

中国矿业大学出版社
·徐州·

图书在版编目(ＣＩＰ)数据

垃圾填埋场地下水金属和有机污染特征及监控预警技术 / 王敏等著.— 徐州：中国矿业大学出版社，2024.2

ISBN 978 - 7 - 5646 - 6162 - 5

Ⅰ．①垃…　Ⅱ．①王…　Ⅲ．①卫生填埋场－地下水－金属废料－水污染防治－水质监测－研究－中国②卫生填埋场－地下水－有机污染物－水污染防治－水质监测－研究－中国　Ⅳ．①X52

中国国家版本馆 CIP 数据核字(2024)第 046698 号

书　　名	垃圾填埋场地下水金属和有机污染特征及监控预警技术
著　　者	王　敏　吴　涛　鲁　佳　徐　蕾　王　磊　王志红
责任编辑	李　敬
出版发行	中国矿业大学出版社有限责任公司
	（江苏省徐州市解放南路　邮编 221008）
营销热线	（0516)83885370　83884103
出版服务	（0516)83995789　83884920
网　　址	http：//www.cumtp.com　**E-mail**：cumtpvip@cumtp.com
印　　刷	苏州市古得堡数码印刷有限公司
开　　本	787 mm×1092 mm　1/16　**印张** 11.25　**字数** 208 千字
版次印次	2024 年 2 月第 1 版　2024 年 2 月第 1 次印刷
定　　价	50.00 元

（图书出现印装质量问题，本社负责调换）

前　言

生活垃圾填埋场不仅是金属和有机污染的"汇"，更是地下水污染的重要"源"之一。随着我国居民生活水平的不断提高，物资的不断丰富，生活垃圾产生量日益增多，仅 2019 年，全国 196 个城市生活垃圾产生量就高达 2.3 万 t，平均每人产生生活垃圾 300 kg，此数字还在以每年 8%～10% 的速度增长。早期生活垃圾处置以填埋为主，垃圾填埋场目前仍是我国生活垃圾主要处置场所之一，其汇集的金属和有机污染物给地下水环境带来严重威胁。

内分泌干扰物，也称为环境激素，是一种外源性干扰内分泌系统的化学物质，指环境中存在的能干扰人类或动物内分泌系统诸环节并导致异常效应的物质。生活垃圾中含有大量废弃的塑料和金属制品，其中，塑料所含的大部分的稳定剂和增塑剂、金属制品中的金属物质均属于内分泌干扰物。这些物质通过食物摄入、生物积累等各种途径进入生物体内。尽管它们并非直接的有毒物质，但它们具有类似雌激素的作用，即便是微量，也能破坏生物体内的内分泌系统，引发动物和人类的生殖器障碍、行为异常、生殖能力下降以及幼体死亡，严重时甚至可能导致物种的灭绝。

本书选取徐州市岩溶地区和非岩溶地区、不同填埋龄、不同类型的生活垃圾填埋场为研究对象，系统分析了不同类型生活垃圾填埋场地下水金属和有机污染特征，结合样品采集、测试分析和模拟实验，进一步揭示了生活垃圾填埋场中污染物的迁移扩散规律。研究发现，Hg、As 等重金属和邻苯二甲酸二乙基己基酯、邻苯二甲酸二正丁酯等酞酸酯类等内分泌干扰物在多个生活垃圾填埋场的渗滤液和地下水中均有不同程度检出，表明这些内分泌干扰物是影响生活垃圾填埋场地下水质量的主要因素。本书通过实验室模拟和数值模拟相结合、

Hydrus-1D 和 Visual Modflow 系统模拟相结合的监控预警技术，重点研究了垃圾渗滤液中内分泌干扰物在松散层中的垂直渗透性和在地下水中的迁移扩散规律。预测结果表明，高水位生活垃圾填埋场在封场后若填埋区地下水抽水停止，或该地区地下水位升高，污染物的对外扩散性失去主要控制时，将会对周围地下水带来一定影响。通过运用数值模拟预警技术，可以为垃圾填埋场在实际运行过程中和封场后污染风险监控提供指导和帮助。

本书的撰写得到了江苏省徐州环境监测中心、有色金属矿产地质调查中心的支持和帮助，特此感谢！

鉴于作者个人的专业水平和能力有所局限，书中难免会有遗漏和不足之处，诚恳地希望广大同行专家和读者能够提出宝贵的批评和纠正意见。

著　者

2024 年 1 月 2 日

目　　录

第1章 概　述

1.1　研究背景、目的和意义

1.1.1　研究背景

随着工业化和城市化大力推进以及人们生活水平的提高,我国生活垃圾产生量已进入高峰期,2005 年城市生活垃圾产生量已超过 1.5 亿 t,约占世界总产生量的 1/4,且以每年 8%～10% 的速度增长,是世界上生活垃圾包袱最重的国家[1]。《2014 年全国大、中城市固体废物污染环境防治年报》显示:2013 年,我国大、中城市生活垃圾产生量为 16 148.81 万 t,处置量为 15 730.65 万 t,处置率达 97.41%。我国的垃圾处置一般采用填埋、堆肥和焚烧技术,由于填埋技术具有处理量大、操作简单等特点,填埋处置是我国生活垃圾的主要处理方式。

垃圾渗滤液是一种集有机物(含激素类污染物)、重金属和病原微生物于一体的多组分、高浓度的污染废水,能够通过各种途径如雨水淋滤、径流水平或向下迁移进入地下水,是地下水重要的污染源。对于未使用适当衬垫的垃圾填埋场,在数十年的演变周期中垃圾渗滤液会持续产生并在相当长时期内造成污染。即使使用卫生填埋技术也存在着衬垫层破损使垃圾渗滤液泄漏而造成地下水污染的潜在危险。城市生活垃圾渗滤液成分极其复杂,水质变化范围大,有机负荷高,且含有大量具有难生物降解性、生物累积性和"三致"效应的有毒有机污染物,对地下水潜在危害极大。因此,垃圾填埋场安全与否关系到社会、环境、经济等多方面。

徐州地区位于江苏省西北部,其地表水资源严重短缺,是全国 40 个严重缺水的城市之一。地下水是徐州市饮用水资源的重要组成部分,在市区供水中,地下水与地表水所占比例约为 1.57∶1,其中岩溶地下水占该区域地下水总量的 1/2 以上[2]。徐州作为我国北方典型的岩溶地区,岩石节理裂隙、溶蚀裂隙、岩溶管道等极其发育,地下水极易受到污染,且地下水循环缓慢、自净能力差[2],一旦受污染,后果将不堪设想。

1.1.2 研究目的和意义

本书依托江苏省生态环境地下水监测监控与污染预警重点实验室,结合2013年江苏省徐州市地下水基础环境状况调查及"十三五"全国地下水污染源普查,针对徐州地区垃圾填埋场使用特征、污染防治情况及对地下水的潜在风险等进行研究分析;在对徐州岩溶地区多个垃圾填埋场地下水污染现状监测分析、实验室模拟的基础上,研究污染物迁移演化规律,在此基础上,借助数值模拟分析正规防渗降低风险及填埋技术的可持续性,为进一步控制垃圾填埋场地下水污染风险提供技术依据。本书研究成果对垃圾填埋场地下水污染监控预警与防治、垃圾填埋场周边地下水饮用水源地保护、生活垃圾二次污染问题解决等具有重要现实指导意义。

1.2 国内外相关研究进展

1.2.1 垃圾渗滤液研究现状

垃圾渗滤液是垃圾在堆放和填埋过程中,由于垃圾中的有机物质分解发酵产生的水和垃圾中的游离水、降水、地表水和入渗的地下水通过淋溶作用形成的污水,其外观呈黑绿色、有恶臭。垃圾渗滤液是成分复杂的液体,含有难生物降解的萘、菲等芳香族化合物,氯代芳香族化合物,磷酸酯,邻苯二甲酸酯,酚类和苯胺类化合物[3-6]。刘田等[7]采用 GC-MS 法测定垃圾填埋场渗滤液中的有机污染物,从深圳市 2 个不同类型垃圾填埋场的渗滤液中分别检出72 种和 57 种主要有机污染物,其中含有大量难降解有机物,如酚类、胺类、杂环类物质。张鸿郭等[8]采用 ICP-MS 和 GC-MS 法对广东某典型垃圾填埋场渗滤液中的重金属、有机污染物等有害成分进行了分析,共测得 42 种重金属和 47 种主要有机污染物,其中多种重金属和有机污染物为优先控制污染物。垃圾渗滤液性质受很多因素,如垃圾成分、填埋年限、填埋操作工艺、气候、填埋地点、水文地质条件、填埋场覆盖土状况等的影响。由于这些影响因素的关系,各个年龄段垃圾渗滤液性质与水量变化十分复杂,相差较大,目前国内外研究已查明垃圾渗滤液中包含 200 余种有机污染物,其中数十种对人类健康和环境有危害作用,而进入地下水中的污染物质及其代谢产物更是有上千种,这些污染物在地下迁移扩散,对人类的健康产生极大的威胁[9]。但目前对垃圾渗滤液有机污染物的研究仍相对较少,关于垃圾渗滤液在包气带、地下水中迁移演化规律的研究更少。

1.2.2 垃圾填埋场地下水污染特征研究现状

虽然我国从20世纪80年代中期开始采用卫生填埋处理技术,但在吉林、贵阳、上海、兰州等地均发生过垃圾填埋场污染地下水的事故[10]。哈尔滨市韩家洼子垃圾填埋场地下水中 Mn 含量超标3倍、Hg 含量超标29倍、细菌总数超标43倍、大肠菌超标41倍,其浊度、色度等亦超标许多倍[11]。北天堂垃圾填埋场是北京西郊南部地区垃圾填埋深度最大、填埋量最多、污染最严重的填埋场,垃圾填埋后地下水中的 NO_3^-、COD、BOD、酚、细菌总数、总硬度及溶解性总固体等均超出国家的Ⅲ类标准[12]。张玉福等[13]对沈阳市10个垃圾场及其周围地下水的污染状况进行调查,发现垃圾中有机物和微生物含量较高,重金属含量也达到较高水平。姜月华等[14]对长江三角洲地区15个垃圾填埋场进行了调查,发现有10个垃圾填埋场的地下水受到不同程度的污染。龚娟[15]对武汉市二妃山垃圾填埋场周围地下水进行了检测分析和模糊评价,发现越靠近填埋场的地下水中金属含量越高,部分水井中 Hg、As、Pb、Fe、Mn、NO_3^- 超过《地下水质量标准》(GB/T 14848—1993)Ⅲ类标准。据美国国家环保局统计,美国已有的75 000个卫生填埋场中,75%的填埋场对地质环境产生了较为明显的污染影响;加拿大对其2 200个填埋场中的300个进行抽样调查,发现80%的填埋场已对周围地下水环境造成了不同程度的影响;其他发达国家也有类似情况[16]。

近年来国内部分学者开始开展垃圾填埋场地下水有机污染研究。2009年,罗定贵等[17]对广州市李坑垃圾填埋场地下水环境污染效应进行研究,对比分析地下水测点多环芳烃、邻苯二甲酸酯、苯系物3类组分超过背景值的程度,结果发现邻苯二甲酸二正丁酯在渗滤液与污染水点中的超背景值倍数均达到10倍以上。2011年,张岩[18]对开封市南郊芦花岗村垃圾填埋场浅层地下水有机污染物进行研究,结果表明,1,2,4-三氯苯含量超过我国饮用水标准,超标率为21.4%。2012年,贾陈忠等[19]对武汉市金口垃圾填埋场对周边水环境的有机污染影响进行研究,结果发现附近地表水、上层滞水、潜水以及承压水中均存在不同程度的有机污染,特别是邻苯二甲酸酯类在不同深度地下水中均有检出。2015年,李斌[20]对莱州市生活垃圾填埋场浅层地下水污染现状进行分析,研究结果表明苯并[a]芘超过《生活饮用水卫生标准》(GB 5749—2006)相应标准限值。但总体来说,与国外相比,我国对卫生填埋场地下水污染规律的研究与防治还处于初期阶段,特别是对岩溶地区垃圾填埋场地下水污染特征的研究更少。

1.2.3　垃圾填埋场地下水污染物迁移演化规律研究现状

目前研究主要集中于垃圾渗滤液的处理及填埋场的防渗方面,而对于系统评价垃圾填埋场渗滤液在地下水中的迁移演化规律的研究还处于初期阶段。虽然国内有部分学者,如亢宇等[21]在有机污染物的迁移与吸附方面做了一些研究,用采自北京六里屯垃圾填埋场的天然黏土对含有苯、二甲苯、三氯甲烷等有机污染物的模拟废水进行了吸附实验,同时对天然黏土的有机污染物吸附机理进行了初步探讨,张岩[18]也采用标准物质水溶液对垃圾渗滤液中单一物质1,2,4-三氯苯的迁移转化机理进行了研究,但直接用多种有机质、金属污染物共存的垃圾渗滤液研究多种典型污染物包气带迁移演化规律的相关报道相对较少。

国内外学者进行了相关试验和理论研究,同时将地下水溶质运移模型应用进来,通过建立数学模型和利用数值模拟的方法,建立了水质模拟数学模型,包括确定性模型和随机性模型,模型中参数的确定通过试验计算得到。2011年邓臣[22]用有限差分法对广州垃圾填埋场中邻苯二甲酸酯类在包气带中的迁移进行了数学模拟。目前已出现了一些成熟的数值模拟软件,如Modflow、MT3DMS、MT3D99、PEST、MODRA11J、UCODE等。其中三维有限差分模拟程序Modflow是功能较全面的地下水模拟软件,而在其基础上开发出的Visual Modflow软件因具有良好的输入、输出界面,成为当前国际上最流行和应用最多的地下水模拟软件。Blumberga[23]通过建立过程数学模型,使用Modflow软件建立了含水层水流模型和污染质运移模型,对污染物的迁移转化进行了模拟预测,并应用Landsim软件进行了地下水污染风险评价,取得了良好效果。

1.2.4　小结

国内外学者对垃圾填埋场渗滤液中重金属及有机污染物的含量、迁移转化规律及其环境效应做了较多的研究,但对岩溶地区垃圾填埋场地下水中多种重金属及有机污染物的分布赋存特征、迁移演化、监控预警等方面研究相对较少。岩溶地区由于岩石节理裂隙、溶蚀裂隙、岩溶管道等极其发育,地下水极易受到污染,且地下水循环缓慢、自净能力差,所以研究岩溶地区城市生活垃圾卫生填埋场及简易生活垃圾填埋场在长期填埋使用过程中地下水重金属的分布、迁移、积累以及如何从根本上防治垃圾填埋场对地下水的污染,并降低垃圾填埋的运行成本及对人体的危害等,均将具有重要的经济和社会意义。

1.3 研究内容和技术路线

1.3.1 研究内容

本书在综合分析徐州地区垃圾填埋场使用现状及所在区域地质状况的基础上,分别选取岩溶地区简易和正规垃圾填埋场,对其渗滤液及所在区域地下水中金属、有机污染物进行定期监测,根据监测结果分析不同垃圾填埋场渗滤液污染特征及地下水典型污染物同垃圾渗滤液的相关性,结合国内外相关研究进行垃圾填埋场地下水典型污染物筛选及污染原因分析,同时对比分析不同垃圾填埋场地下水污染物时空分布规律,并结合实验室土柱模拟结果探寻垃圾渗滤液不同污染物土层迁移特征及潜在风险,进一步应用地下水数值模拟软件对典型垃圾填埋场地下水典型污染物纵横迁移演化规律进行模拟,评定岩溶地区典型垃圾填埋场污染风险大小,在此基础上提出切实可行的污染防治措施和监控预警技术。

1.3.2 创新点

(1)首次对以岩溶地下水为主要饮用水源的徐州地区多个垃圾填埋场(包括正规和简易)填埋工艺、使用现状及所在区域水文地质条件进行了调查分析,对比分析了不同使用年代的简易及正规垃圾填埋场特征。

(2)分析了多个垃圾填埋场渗滤液及地下水中金属与有机污染物含量和时空分布规律、典型污染物释放过程及其时代性差异,根据地下水与渗滤液中污染物的质量浓度比值及污染物毒性筛选出了典型污染物。

(3)取用典型垃圾填埋场周围原状土,并分别利用现场采集的垃圾渗滤液和标准溶液进行实验室模拟,实验设计较先进合理,能更好地分析渗滤液典型污染物交互影响及迁移演化规律。

(4)对岩溶地区典型垃圾填埋场地下水典型污染物纵横迁移演化规律进行研究,结合垃圾填埋场特征及现场监测数据数值模拟分析了垃圾填埋场地下水污染风险,提出垃圾渗滤液在线监控预警技术,为区域地下水饮用水源地保护提供技术依据。

1.3.3 技术路线

本书以水文地质学、环境科学、分析化学、应用数学、计算机技术等学科理论为基础,系统分析国内外已有研究,对徐州地区垃圾填埋场进行系统调查分析、污染物监测分析、实验室模拟研究,借助数值模拟技术研究地下水典型污染物迁移演化规律,为实现垃圾填埋场污染防治提供理论依据,为生活垃圾处理技术的创新提供一定的技术支持。本书技术路线见图1-1。

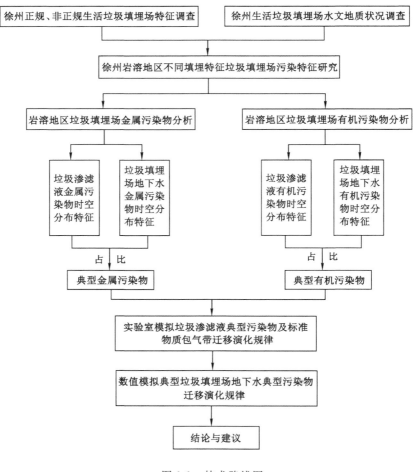

图 1-1 技术路线图

第2章 典型重金属和有机污染物的危害

2.1 重金属的危害

2.1.1 典型重金属的基本和毒理性质

2.1.1.1 五毒元素概述

镉、汞、砷、铅、铬是环境中毒性最强的五毒元素。2017年12月,环境保护部会同工业和信息化部、国家卫生和计划生育委员会制定并发布了《优先控制化学品名录(第一批)》,镉及镉化合物、汞及汞化合物、砷及砷化合物、铅化合物、六价铬化合物是5项优先管控金属及化合物。2019年,镉及镉化合物、汞及汞化合物、铅及铅化合物、砷及砷化合物、六价铬化合物被收入《有毒有害水污染物名录(第一批)》,见表2-1。

表 2-1 有毒有害水污染物名录(第一批)

序号	污染物名称	CAS 号
1	镉及镉化合物	—
2	汞及汞化合物	—
3	六价铬化合物	—
4	铅及铅化合物	—
5	砷及砷化合物	—
6	乙醛[①]	—
7	二氯甲烷	75-09-2
8	三氯甲烷	67-66-3
9	三氯乙烯	79-01-6
10	四氯乙烯	127-18-4
11	甲醛	50-00-0

注:①代表仅被列入《有毒有害大气污染物名录(2018年)》;CAS号即美国化学文摘社(Chemical Abstracts Service,缩写为 CAS)登记号,是美国化学文摘社为每一种出现在文献中的化学物质分配的唯一编号。

2017 年 10 月 27 日,世界卫生组织国际癌症研究机构公布的致癌物清单中,砷和无机砷化合物、镉和镉化合物、铬(Ⅵ)化合物为 1 类致癌物,无机铅化合物和铅分别为 2A 和 2B 类致癌物,铬(Ⅲ)化合物、金属铬、汞和无机汞化合物、有机铅化合物为 3 类致癌物,见表 2-2。

表 2-2 世界卫生组织国际癌症研究机构致癌物金属(除放射元素)清单

序号	金属污染物	类别	确定时间
1	砷和无机砷化合物	1 类	2012 年
2	铍和铍化合物	1 类	2012 年
3	镉和镉化合物	1 类	2012 年
4	铬(Ⅵ)化合物	1 类	2012 年
5	镍化合物	1 类	2012 年
6	含碳化钨的钴金属	2A 类	2006 年
7	无机铅化合物	2A 类	2006 年
8	钴和钴化合物	2B 类	1991 年
9	不含碳化钨的钴金属	2B 类	2006 年
10	硫酸钴和其他可溶性钴(Ⅱ)盐	2B 类	2006 年
11	铅	2B 类	1987 年
12	镍金属和镍合金	2B 类	1990 年
13	铬(Ⅲ)化合物	3 类	1990 年
14	金属铬	3 类	1990 年
15	汞和无机汞化合物	3 类	1993 年
16	有机铅化合物	3 类	2006 年

注:1 类致癌物指对人类为确定致癌物。2A 类致癌物指对人类致癌性证据有限,对实验动物致癌性证据充分。2B 类致癌物指对人类致癌性证据有限,对实验动物致癌性证据并不充分;或对人类致癌性证据不足,对实验动物致癌性证据充分。3 类致癌物指对人类致癌性可疑,尚无充分的人体或动物数据。

镉及其络合物、铅及其络合物、甲基汞是典型的环境激素类物质,是土壤及沉积物中的环境内分泌干扰物。

2.1.1.2 镉及其化合物

镉在地壳中含量为 0.11×10^{-6},单质为银白色金属,可溶于酸,但不溶于碱。镉的氧化态为 +1、+2 价,氧化镉和氢氧化镉的溶解度都很小,溶于酸不溶于碱。金属镉属微毒类,硫化镉、硒磺酸镉属低毒类,硫酸镉、氧化镉、氯化镉和硝酸镉属中等毒类。镉对碱性物质的防腐蚀能力强,主要用于钢、铁、铜、黄铜和其他金属的电镀,也可用于制造体积小和电容量大的电池,硫化镉、硒化镉、碲化镉用于制造光电池。镉的化合物大量用于生产颜料和荧光粉。

2.1.1.3　汞及其化合物

汞是地壳中相当稀少的一种元素,含量只有 $0.08×10^{-6}$,但汞不易与地壳主量元素成矿,汞矿中的汞是极为富集的。汞罕见于金属单质,天然汞是汞的 7 种同位素的混合物,常见于朱砂、氯硫汞矿、硫汞锑矿和其他矿物,其中以朱砂最为常见。汞是常温常压下唯一的液态金属。汞不溶于水、盐酸,溶于浓硝酸、浓硫酸等。汞化合物的化合价一般为 +1、+2 价,只有四氟化汞为 +4 价。汞及其化合物的毒性,有机汞第一、金属汞第二、无机汞第三,雷汞 $[Hg(CNO)_2 \cdot 0.5H_2O]$、硝酸汞 $[Hg(NO)_3]$、氰化汞 $[Hg(CN)_2]$、砷化汞 $(HgHASO_4)$、氯化高汞 $(HgCl_2)$ 等无机汞均有毒,有机化合物毒性较无机汞毒性大,如氯化汞口服中毒量为 0.5 g,致死量为 1~2 g,人经口误服氯化乙基汞在 3 mg/kg 左右即重度中毒。汞在自然界普遍存在,一般动植物体内都含有微量汞。汞在制造工业用化学药物、紧凑型荧光灯、电子产品、医用温度计等生产中获得应用。

2.1.1.4　砷及其化合物

砷虽不属于重金属,但因其行为与来源以及危害都与重金属的相似,故通常将其列入重金属类进行讨论。砷元素及其化合物广泛地存在于自然界,共有数百种的砷矿物已被发现,其中以灰砷最为常见。砷的毒性主要取决于砷的化学形态和溶解度。砷元素不溶于水,在天然状态下毒性并不强,有毒性的是砷的化合物。砷化合物有三价砷化合物和五价砷化合物,三价砷化合物的毒性比五价砷化合物的毒性大 60 倍。无机砷毒性大于有机砷毒性,三氧化二砷俗称"砒霜",是毒性很强的物质。砷通常被用作合金添加剂,砷的化合物被广泛应用于二极管、发光二极管、红外线发射器、激光器等,以及制造农药、防腐剂、燃料和医药等。

2.1.1.5　铅及其化合物

铅在地壳中的含量为 0.001 6%,主要矿石是方铅矿。铅与冷盐酸、冷硫酸、浓硝酸几乎不起反应,能与稀硝酸以及热或浓盐酸、硫酸反应,且能缓慢溶于强碱性溶液。醋酸铅、硝酸铅和氯化铅在水中的溶解度较大,人体吸收后容易铅中毒。氧化铅、氧化亚铅和碳酸铅在水中的溶解度虽不大,但易溶于酸,在人体的胃液中溶解度可达 30%~70%,对人体危害极大。铅主要存在于方铅矿(PbS)及白铅矿 $(PbCO_3)$ 中,经煅烧得硫酸铅及氧化铅,再还原得到铅。铅具有化学惰性,耐腐蚀,可用作耐硫酸腐蚀、防电离辐射、蓄电池等的材料,其合金用于铅字、轴承、电缆包皮、铅球等的制作。

2.1.1.6　铬及其化合物

铬在地壳中的含量为 0.01%,居第 17 位,属于分布较广的元素之一,亚铬酸盐在地壳中的自然储量超过 18 亿 t,可开采储量超过 8.1 亿 t,但我国铬矿资源比较贫乏。铬铁矿在冶金工业上主要用来生产铬铁合金和金属铬;在化学工业上主要用来生产重铬酸钠,进而制取其他铬化合物,用于颜料、纺织、电镀、制革等工业,以及制作催化剂和触媒剂等。铬的天然化合物很稳定,不易溶于水和硝酸,可缓慢地溶于稀盐酸、稀硫酸。铬的毒性与其存在的价态有关:六价铬比三价铬毒性高 100 倍,并易被人体吸收且在体内蓄积,三价铬虽毒性低但活性高,且三价铬和六价铬可相互转化。

2.1.1.7 铜及其化合物

铜是第三"常见"的金属,仅次于铁、铝。铜在地壳中的含量约为 0.01%,在个别铜矿床中,铜的含量可达 3%～5%。自然界中的铜多以化合物形式即铜矿石存在。铜常见的价态是 +1、+2 价。可溶铜盐有毒,当不可溶铜盐转化为可溶铜盐后也有毒。铜在我国有色金属材料的消费中仅次于铝,被广泛地应用于电气、电子、轻工、机械制造、建筑工业、国防工业等领域。

2.1.1.8 镍及其化合物

镍属于亲铁元素,地核主要由铁、镍元素组成。世界卫生组织国际癌症研究机构公布的致癌物清单中,镍化合物为 1 类致癌物,镍金属和镍合金为 2B 类致癌物(表 2-2)。镍不溶于水,在稀酸中可缓慢溶解,耐强碱。通常金属镍没有毒性,但镍的化合物氯化镍、硫化镍等有较大毒性,巯基镍有剧毒。水体中的镍大部分都富集在底质沉积物中,沉积物中镍含量可达 $(18\sim47)\times10^{-6}$,是水中镍含量的 38 000～92 000 倍;土壤中的镍主要来自岩石风化、大气降尘、污灌、农肥、植物和动物遗体的腐烂等。因为镍的抗腐蚀性佳,常被用在电镀以及镍镉电池、不锈钢和其他抗腐蚀合金的制造上,也作为加氢催化剂用于特种化学器皿、陶瓷制品、电子线路、玻璃着绿色及镍化合物制备等。

2.1.1.9 锌及其化合物

锌在地壳中含量较丰富,是第四"常见"的金属,仅次于铁、铝及铜。金属锌本身无毒,但锌的盐类如硫酸锌、硝酸锌、醋酸锌、氯化锌等能使蛋白质沉淀,对皮肤和黏膜有刺激和腐蚀作用,硫酸锌日服致死量约为 5～15 g。我国锌储量达 9 384 万 t,居世界第四位,但单一锌矿较少,锌矿资源主要是铅锌矿,全国除上海、天津、香港外,均有铅锌矿产出,目前已形成东北、湖南、两广、滇川、西北等五大铅锌采选冶炼和加工配套的生产基地。锌易溶于酸。锌主要用于钢铁、冶金、机械、电气、化工、轻工、军事和医药等领域。世界上锌的全部消费中大约有一半用于镀锌,约 10% 用于黄铜和青铜,不到 10% 用于锌基合金,约 7.5% 用于化学制品,约 13% 用于制造干电池。

典型重金属及其化合物毒性统计见表 2-3。

表 2-3 典型重金属及其化合物毒性

序号	污染物名称	急性毒性	亚急性毒性	慢性毒性
1	镉及镉化合物	LD_{50}（半数致死量）：72 mg/kg（氧化镉，小鼠经口）	—	长期接触镉及其化合物可引起肾脏损害
2	汞及汞化合物	LD_{50}：40 mg/kg（硫酸汞，小鼠经口）	—	长时间接触低浓度的硫酸汞，可能出现神经衰弱、口腔炎等症状；长时间吸入低浓度硫酸汞，可能造成间质性肺炎或肺实变
3	砷及砷化合物	LD_{50}：42.9 mg/kg（三氧化二砷，小鼠经口）	砷对心血管、呼吸、胃肠、血液、免疫、生殖和神经系统有危害效应	主要包括生殖毒性、神经毒性、免疫毒性和致癌性等，长期接触砷化物可致皮肤癌和肺癌
4	铅及铅化合物	LD_{50}：70 mg/kg（大鼠经静脉）	浓度为 1 μg/100 mL 时，大鼠接触 30～40 d，红细胞胆色素原合酶（ALAD）活性减少 80%～90%，血铅浓度高达 150～200 μg/100 mL，出现明显中毒症状	长期接触铅及其化合物会导致心悸，易激动，血象红细胞增多
5	铬及铬化合物	LD_{50}：80 mg/kg（六价铬，大鼠经口）	—	六价铬与肺癌、鼻癌和鼻窦癌有相关性
6	铜及铜化合物	LD_{50}：300 mg/kg（硫酸铜，大鼠经口）	—	长期接触硫酸铜可发生接触性皮炎和胃肠道症状
7	镍及镍化合物	最低中毒剂量（TD_{L0}）：158 mg/kg（羰基镍，大鼠经口），胚胎中毒，胎鼠死亡	—	长期吸入低浓度碱镍会引起头晕、头痛、疲劳、多梦、失眠、记忆丧失、咳嗽、胸闷等非特异性表现
8	锌及锌化合物	LD_{50}：2.949 g/kg（七水硫酸锌，大鼠经口）	—	长期过量摄取含锌食物会形成高胆固醇血症

2.1.2 重金属对生态系统的危害

2.1.2.1 重金属对微生物和酶的危害

　　土壤微生物和酶密切相关，土壤中许多酶由微生物分泌，一起参与土壤中各种生物化学过程，在土壤生态系统物质循环和能量流动中发挥重要作用。土壤微生物和酶活性常作为探索土壤生态污染效应的重要指标。

（1）重金属对土壤微生物的危害

大量研究表明，土壤微生物对重金属胁迫的敏感程度大于动物和植物的，重金属能引起土壤微生物生物量和活性、微生物群落结构和功能、微生物群落多样性等生态特征的变化。高浓度的重金属通过破坏土壤微生物细胞的结构和功能、加快细胞的死亡、抑制微生物的活性等降低其生物量，重金属对土壤微生物产生的毒性大小表现为镉＞铜＞锌＞铅，土壤中同一种重金属的毒性大小随着有机质含量的升高而降低。

长期受重金属污染的土壤环境中的微生物群落结构会发生改变，敏感物种会消失甚至灭绝，耐性物种存活甚至形成新的群落，导致物种多样性大规模减少、微生物群落结构和功能改变。土壤微生物对铅、镉、汞、铬和砷的耐受程度表现为真菌＞放线菌＞细菌。

（2）重金属对土壤酶的危害

土壤酶是反映土壤肥力的一个敏感性生物指标，是一种生物催化剂，特别是近年来常把土壤酶活性作为衡量土壤质量变化的重要指标。环境污染对土壤酶活性的影响较大，重金属的胁迫有时会引起大量营养的缺乏和酶有效性的降低，主要是因为吸收到植物体内的重金属能诱导其体内产生某些对酶和代谢具有毒害作用和不利影响的物质，如 H_2O_2、C_2H_2 等。

土壤酶活性可在一定程度上灵敏地反映出土壤的环境状况，如低浓度的 Cr^{6+}能提高植物体内酶活性与葡萄糖含量，高浓度时则阻碍水分和营养向上部输送，并破坏代谢作用。芳香基硫酸酯酶活性与重金属铅、砷、镉浓度负相关并随着土壤中有机质含量的降低而降低。重金属复合污染与单一重金属对土壤酶活性的影响不同，镉、铅共存时对土壤酶活性的抑制作用大于单独存在时的抑制作用，铜单独存在时对土壤酶的毒性作用大于铜和铅、镉、铬、锌、镍复合污染时的毒性作用。镉、铜、镍复合污染与6种土壤酶活性之间均呈现出显著或极显著的相关关系。

2.1.2.2 重金属对植物和农作物的危害

虽然植物的生长发育离不开一些金属元素，但土壤重金属污染会对植物生长发育产生影响，引起株高、根茎长、叶面积、果实性状品质等各种生理特征的改变，甚至对植物生长发育产生毒害作用。土壤中的重金属可以通过对植物根系的影响，使其根系生理代谢异常，吸收能力降低，导致植物体营养缺乏。如镉可以和疏基氨基酸及蛋白质结合进而导致氨基酸蛋白质的失活，严重时可导致植物死亡。经过镉处理的小麦幼苗叶和根的生长明显受到抑制，其茎和叶中的镉富集量增加，影响铁、镁、钙和钾等营养元素的吸收和转运能力，降低小麦中营养元素的含量。

土壤重金属污染物镉、汞、砷、铅、铬、铜、镍、锌根据对植物和农作物的危害可分为两类：一类是植物生长发育不需要的元素，但对人体健康危害比较明显，如镉、汞、砷、铅、铬、镍；另一类是植物生长发育所需元素，且对人体又有一定的生理功能，但过多会发生污染并妨碍植物生长发育，如铜、锌。

　　土壤镉污染具有移动性差、毒性强的特点，会通过抑制农作物的光合作用、减弱农作物中的酶活性等来影响农作物的产量和安全。汞在一定浓度下使作物减产，在较高浓度下甚至使作物死亡。不同植物对汞的吸收能力是：针叶植物＞落叶植物，水稻＞玉米＞高粱＞小麦，叶菜类＞根菜类＞果菜类。砷对植物危害的最初症状是叶片卷曲枯萎，进一步是根系发育受阻，最后是植物根、茎、叶全部枯死。铅对植物的危害表现为叶绿素下降，阻碍植物的呼吸及光合作用，谷类作物吸铅量较大且多集中于根部，茎秆次之，籽实中较少。铬会对植物光合作用和营养吸收产生不利影响，苗期的小麦中铬的富集浓度约为 200 mg/kg 时，小麦根的生长开始受到抑制。

2.1.2.3　重金属对土壤动物的危害

　　土壤中重金属的富集对土壤动物的生存繁衍产生了严重威胁，一定浓度的重金属离子可通过多种机制对动物产生生态毒理效应。土壤重金属含量对线虫、蚯蚓等无脊椎动物的数目、丰富度、生物量和群体组成等有直接影响。土壤重金属污染农田的蚯蚓数量和物种多样性水平都显著降低；土壤中重金属锌、镉、铜、铅复合污染下，土壤微生物量和群落结构都有一定程度的降低；矿区污染土壤微生物的呼吸速率减弱，生物量也降低；土壤动物群落的数量与组成随着重金属污染浓度的增加而减少；受重金属污染较重的土壤中动物常见类群与优势类群的种类都明显减少。

2.1.3　重金属对人体健康的危害

2.1.3.1　镉对人体的危害

　　镉是环境中毒性最强的五毒元素之一，同时还是典型的环境激素类物质，肺癌致癌物之一。镉的毒性较大，被镉污染的空气和食物对人体危害严重，且在人体内代谢较慢，日本因镉中毒曾出现"痛痛病"。镉及其化合物主要经呼吸道和胃肠进入人体，吸收入血的镉在红细胞内，经血液循环分布到全身组织脏器内，主要蓄积在肝脏和肾脏内，还可导致高血压，引起心脑血管疾病，破坏骨骼和肝肾，并引起肾功能衰竭等。长期接触低浓度镉化合物烟尘或粉尘的工人可出现慢性镉中毒。

2.1.3.2　汞对人体的危害

　　汞是一种剧毒非必需元素，全身性毒物，广泛存在于各类环境介质和食物链（尤其是鱼类）中。汞及其化合物可通过呼吸道、皮肤或消化道等途径侵入人体，并积聚于肝、肾、大脑、心脏和骨髓等部位，造成神经性中毒和深部组织病变，引起头晕、秃发、手脚麻痹等症状，甚至会导致精神混乱等。汞剂对消化道有腐蚀作用，对肾脏、毛细血管均有损害作用。汞蒸气和汞盐都是剧毒的,口服、吸入或接触后可以导致脑和肝损伤。长时间暴露在高汞环境中可以导致脑损伤和死亡。

汞可以导致急性和慢性汞中毒。急性汞中毒多数是由短时间内大量吸入高浓度的热汞蒸气引起的,主要是急性间质性肺炎与细支气管炎。慢性汞中毒多数是由长期吸入或接触汞引起的,汞的毒性具有积累性,往往要几年或十几年才有所反应,水俣病就是慢性汞中毒的一种。

最危险的汞有机化合物是二甲基汞[(CH₃)₂Hg]。它易被人体吸收、排出慢、毒性大,仅数微升接触在皮肤上就可以致死。有机汞进入胎盘,致使胎儿先天性汞中毒,或畸形,或痴呆。甲基汞对人类的侵害最为广泛和严重。

2.1.3.3　砷对人体的危害

砷经过污染的水、空气、食物进入人体,经皮肤、呼吸道和消化道吸收,对皮肤系统、呼吸系统、胃肠道、肝脏、肾脏、血液系统、神经系统、生殖系统等产生一定的毒害。砷对人体的危害具有一定累积性,根据进入人体的多少、时间长短等引起急性或慢性砷中毒。急性砷中毒多见于消化道,临床表现以急性胃肠炎型较多见,重症可出现休克、肝脏损害,甚至死于中毒性心肌损害,快的 15～30 min,慢的可 4～5 h,一般为 1 h 左右。慢性砷中毒症状因人而异,一般在砷进入人体后十几年或几十年的蓄积后才发病,突出表现为皮肤色素沉着、角化过度或疣状增生,也可见白细胞减少或贫血。

砷化合物可分布于肝、肾、肺及胃肠壁及脾脏。三氧化二砷(砒霜)的毒性很大,进入人体后能破坏某些细胞呼吸酶,使组织细胞不能获得氧气而死亡;还能强烈刺激胃肠黏膜,使黏膜溃烂、出血;亦可破坏血管,发生出血,破坏肝脏,严重的会因呼吸和循环衰竭而死。人口服三氧化二砷中毒剂量为 5～50 mg,致死量为 70～180 mg(体重 70 kg 的人,约为 0.76～1.95 mg/kg,个别敏感者 1 mg 可中毒,20 mg 可致死)。人吸入三氧化二砷致死浓度为 0.16 mg/m³(吸入 4 h),长期少量吸入或口服可产生慢性中毒,职业性慢性三氧化二砷暴露还可能对心肌功能造成损害。在含砷化氢为 1 mg/L 的空气中,呼吸 5～10 min,可发生致命性中毒。

基于总膳食暴露,联合国粮农组织和世界卫生组织食品添加剂联合专家委员会评估无机砷的 BMDL₀.₅ 为每天 2.0～7.0 μg/kg;世界卫生组织规定生活饮用水的砷限量为 10 μg/L。我国《食品安全国家标准　食品中污染物限量》(GB 2762—2022)规定,谷物中总砷限量为 0.5 mg/kg。

2.1.3.4　铅对人体的危害

铅可以干扰人体的生理过程,主要对神经系统、消化系统、造血系统和肾脏造成广泛影响。铅对人体的毒害是累积的,人体解剖结果证明,侵入人体的铅 70%～90% 最终以磷酸氢铅(PbHPO₄)形式沉积并附着在骨骼组织上,然后在肾脏累积。铅中毒中以无机铅中毒最为常见,主要症状是腹痛、眩晕、头痛、恶心,严重时会引起休克、昏迷、死亡,孕妇血铅含量高可能会造成早产、孩子体重偏低甚至胎儿死亡。铅中毒较深时会引起神经系统损害,严重时会引起铅毒性脑病。

铅对孩子的影响较对成人的更大,儿童发生铅中毒的概率是成年人的30多倍,国际上普遍认为儿童血铅达到或超过100 μg/L为血铅偏高。铅超标会影响儿童的智力,包括说话能力、记忆力和注意力等,会引起永久的认知和行为障碍。但孩子血铅超标一般不会有特殊的症状,主要表现为注意力不集中,会有攻击性,有时肚子会疼,由于这些症状不具有特异性,因此往往会被家长忽略,因此儿童铅中毒在国外被称为"隐匿杀手"。

铅对人体的毒害是累积性的,人体吸入的铅25%沉积在肺里,部分通过水的溶解作用进入血液。若一个人持续接触的空气中含铅 1 μg/m³,则人体血液中的铅的含量水平为1~2 μg/100 mL。从食物和饮料中摄入的铅大约有10%被吸收。若每天从食物中摄入 10 μg 铅,则血液中含铅量为6~18 μg/100 mL。而蓄积在人体软组织包括血液中的铅达到一定程度(人的成年初期)后,几乎不再变化,多余部分会自行排出体外。铅的工业污染来自铅矿开采、冶炼及含铅产品制造等工业过程。另外,汽车排气中的四乙基铅是剧毒物质。

2.1.3.5 铬对人体的危害

铬的毒性与其存在的价态有关,三价的铬是人体必需的微量元素,是人体正常生长发育和调节血糖的重要元素,但三价铬和六价铬可以相互转化,六价铬有毒且易被人体吸收并在体内蓄积。六价铬有强氧化性,对人体主要是慢性毒害,具有致癌性、诱变性和致畸性。植物积累及大气和水中的六价铬可以通过消化道、呼吸道、皮肤和黏膜侵入人体,主要积聚在肝、肾和内分泌腺中。误食六价铬化合物可引起口腔黏膜增厚,水肿形成黄色痂皮,反胃呕吐,有时带血,剧烈腹痛,肝肿大,严重时使循环衰竭,失去知觉,甚至死亡。六价铬化合物经呼吸道侵入人体时,开始侵害上呼吸道,引起鼻炎、咽炎和喉炎、支气管炎,通过呼吸道进入的则易积存在肺部,造成肺癌。

2.1.3.6 铜对人体的危害

铜是人体不能缺少的金属元素之一、蛋白质和酶的重要组成部分、血液中铁的"助手"。人体缺乏铜会引起贫血,骨和动脉、毛发异常等,但摄入过量也会有危害,且铜元素在食物烹饪过程中不易被破坏掉。铜离子会使蛋白质变性,引起腹泻、呕吐、肝硬化、肾损害和溶血、运动和知觉神经障碍等。铜盐大部分具有毒性,如果被肠道吸收以后,在血清中会和白蛋白结合,从而进入肝脏,对肝脏造成伤害,进而还会对中枢神经系统造成伤害。误食大量的铜会导致急性铜中毒,可能会引起严重的呕吐、腹泻、血尿等症状,严重者会出现肝炎、昏迷、溶血、急性肾衰竭等并发症,甚至可能发生死亡;长期暴露于过多的铜中或长久使用不合格的铜餐具及水管,可能会导致慢性铜中毒,从而引起慢性肝病变、神经衰弱综合征等;长期吸入铜粉尘及熏烟,可能导致肺间质纤维化、肺癌等;长期接触铜可发生接触性皮炎等。孕妇体内铜过量可产生胎儿致畸作用。

2.1.3.7 镍对人体的危害

镍是最常见的致敏性金属,约有 20% 的人对镍离子过敏,女性患者数高于男性患者数。镍与人体接触时,镍离子可以通过毛孔和皮脂腺渗透到皮肤里面去,从而引发皮肤过敏,出现丘疹、湿疹以及瘙痒等症状。金属镍几乎没有急性毒性,一般的镍盐毒性也较小,但羰基镍毒性很大。人体吸收羰基镍后可引起急性中毒,10 min 左右就会出现头晕、头疼、胸闷等初期症状;接触 12～36 h 后会出现呕吐、呼吸困难、胸部疼痛等后期症状;接触高浓度时会发生急性化学肺炎,最终出现肺水肿和呼吸道循环衰竭而致死亡。人体镍中毒特有症状是皮肤炎、呼吸器官障碍和呼吸道癌。镍还能影响遗传物质的合成,可导致基因丢失、基因突变等,影响生育率、导致胎儿畸形等。

2.1.3.8 锌对人体的危害

锌也是人体必需的微量元素之一,起着维持人体正常食欲、增强人体免疫力等作用。但服用锌过量会引起胃溃疡、胃出血等症状,严重时会导致胃穿孔、胆固醇代谢紊乱,造成动脉硬化、冠心病等疾病。吸入锌会引起口渴、干咳、头痛、头晕、高热、寒战等;锌粉尘对眼有刺激性。氯化锌具有腐蚀性,容易对身体造成损伤。急性锌中毒多由误服大量硫酸锌、醋酸锌、氯化锌、氧化锌等化合物引起,主要症状为胃肠道功能紊乱导致恶心和腹泻;吸入大量锌蒸气可引起急性金属烟雾热。慢性锌中毒极少见。

2.2 有机污染物的危害

2.2.1 常规有毒有害有机污染物的毒性及危害

2019 年 7 月,根据《中华人民共和国水污染防治法》有关规定,生态环境部会同卫生健康委制定了《有毒有害水污染物名录(第一批)》(表 2-1),二氯甲烷、三氯甲烷、三氯乙烯、四氯乙烯、甲醛等 5 种常规有机物被列为有毒有害水污染物。

2023 年 7 月,根据《中华人民共和国水污染防治法》有关规定,生态环境部会同国家疾控局制定了《有毒有害水污染物名录(第二批)》(表 2-4),苯、甲苯、2,4-二硝基甲苯、邻甲苯胺、1,1-二氯乙烯、六氯丁二烯、苯并[a]蒽、苯并[a]菲、苯并[a]芘、苯并[b]荧蒽、苯并[k]荧蒽、蒽、二苯并[a,h]蒽、多氯二苯并对二噁英和多氯二苯并呋喃等 15 种常规有机物被列为有毒有害水污染物。

表 2-4 有毒有害水污染物名录(第二批)

序号	污染物名称	CAS 号
1	铊及铊化合物	7440-28-0(铊)
2	氰化物,包括易释放氰化物①	—
3	五氯酚及五氯酚钠	87-86-5 131-52-5
4	苯	71-43-2
5	甲苯	108-88-3
6	硝基苯类物质,包括 2,4-二硝基甲苯	121-14-2
7	苯胺类物质,包括邻甲苯胺	95-53-4
8	1,1-二氯乙烯	75-35-4
9	六氯丁二烯	87-68-3
10	多环芳烃类物质	苯并[a]蒽	56-55-3
		苯并[a]菲②	218-01-9
		苯并[a]芘	50-32-8
		苯并[b]荧蒽	205-99-2
		苯并[k]荧蒽	207-08-9
		蒽	120-12-7
		二苯并[a,h]蒽	53-70-3
11	二噁英类物质,包括多氯二苯并对二噁英和多氯二苯并呋喃	—

注:① 指氢氰酸、全部简单氰化物(多为碱金属和碱土金属的氰化物)和锌氰络合物,不包括铁氰络合物、亚铁氰络合物、铜氰络合物、镍氰络合物、钴氰络合物。

② 苯并[a]菲又名䓛。

2.2.1.1 有毒有害有机污染物的基本和毒理性质

（1）苯

苯在常温下为一种高度易燃、有香味、无色的油状液体,难溶于水,且密度小于水的密度,沸点为 80.1 ℃,是重要的有机溶剂,特别是建筑材料和黏合剂的廉价溶剂,挥发性大,暴露于空气中很容易扩散。苯有较大的毒性,为 IARC(世界卫生组织国际癌症研究机构)划分的 1 类致癌物。苯是由 6 个碳原子和 6 个氢原子形成的一个环,苯的毒性正是由这个环状结构决定的。当苯进入人体后,会首先在这个环上发生一个氧化反应,形成环氧化物,这个环氧化物非常活跃,可以跟体内许多生物化合物发生反应。苯的环氧化物在体内所引起的一系列化学反应最终带来的是各式可以致癌的产物,这些产物首先损害内脏和骨髓系统,最终引起红细胞数量的下降,导致白血病。

(2) 甲苯

甲苯属芳香烃,无色液体,极微溶于水,沸点比水的沸点高,为110.8 ℃,凝固点比汞的凝固点低,为−95 ℃,相对密度为0.866。甲苯易燃,是染料和火药的原料,其蒸气能与空气形成爆炸性混合物,爆炸极限为1.2%～7.0%(体积)。甲苯属低毒类,虽然不会对造血系统有什么危害,但对皮肤、黏膜有刺激性,对中枢神经系统有麻醉作用。

(3) 2,4-二硝基甲苯

2,4-二硝基甲苯是硝基苯类物质之一,其工业品是一种油状液体,极微溶于水,熔点为67～70 ℃,沸点为300 ℃(分解),相对密度为1.320 8。2,4-二硝基甲苯遇明火、高热易燃,主要用作单基发射药的降温剂和有机化工原料中间体。2,4-二硝基甲苯有剧毒,具有致癌性,有引起高铁血红蛋白血症的作用。

(4) 邻甲苯胺

邻甲苯胺属苯胺类物质,浅黄色液体,暴露在空气和日光中会变成红棕色,微溶于水,熔点为−23 ℃,沸点为199～200 ℃,相对密度为0.998 4。邻甲苯胺易燃,遇明火、高热或与氧化剂接触,有引起燃烧爆炸的危险,主要用作染料、农药、医药及有机合成中间体。邻甲苯胺有剧毒,吸入其蒸气或经皮肤吸收均会引起中毒,生成高铁血红蛋白,引起神经障碍以及致癌等。

(5) 1,1-二氯乙烯

1,1-二氯乙烯是具有特殊气味的无色液体,易汽化,在水中几乎不溶,熔点为−122 ℃,沸点为31.6 ℃,相对密度为1.213。1,1-二氯乙烯为易燃液体,遇明火、高温、氧化剂易燃,与空气混合可爆炸。1,1-二氯乙烯在聚合物工业和电影胶片工业应用,可以与丙烯腈、丁二烯等制得各种合成树脂,也可以制作合成纤维用于纸或塑料薄膜的表面涂层。1,1-二氯乙烯具有较大的毒性和刺激性,对环境和健康都有一定的危害。

(6) 六氯丁二烯

六氯丁二烯为无色液体,稍有特殊气味,不溶于水,熔点为−19～−21 ℃,沸点为210～220 ℃,相对密度为1.682。六氯丁二烯高度易燃,主要用作溶剂、热载体、热交换剂、水力系统用液体、洗液,也用于合成橡胶工业。2017年10月27日世界卫生组织国际癌症研究机构公布的致癌物清单中,六氯丁二烯为3类致癌物。六氯丁二烯经吸入、皮肤接触及吞食均会对人体产生中毒效应。

(7) 苯并[a]蒽

苯并[a]蒽为多环芳烃类物质之一,是黄棕色有荧光的片状物质,存在于煤焦油、煤焦油沥青、杂酚油中,不溶于水,熔点为157～159 ℃,沸点为437.6 ℃,相对密度为 1.283。苯并[a]蒽遇明火、高热可燃。炼焦、各种烧煤烟道气、汽车发动机排气均有苯并[a]蒽存在,碳水化合物、氨基酸和脂肪酸在 700 ℃热解均有苯并[a]蒽产生。苯并[a]蒽为多环芳烃中毒性最大的一种强烈致癌物,吸入、皮肤接触及吞食均会对人体产生中毒效应。

(8) 苯并[a]菲

苯并[a]菲为白色或带银灰色、黄绿色鳞片状或平斜方八面结晶体,在苯中结成无色斜方片晶,在紫外线下有紫色荧光,不溶于水,熔点为 255 ℃,沸点为 440.7 ℃,相对密度为 1.274。苯并[a]菲可燃,真空中易升华,被用于制造有机合成的原料、染料和药物。苯并[a]菲有毒,且具有刺激性和腐蚀性。

(9) 苯并[a]芘

苯并[a]芘是一种具有潜在的致癌、致畸和致突变作用的 5 环结构多环芳烃,纯品为无色或淡黄色针状晶体,不溶于水,熔点为 177～180 ℃,沸点为 495 ℃,相对密度为 1.155。苯并[a]芘易燃,在工业上无生产和使用价值。苯并[a]芘高毒,是目前世界上三大强致癌物之一。

(10) 苯并[b]荧蒽

苯并[b]荧蒽纯品为白色到黄色到绿色晶体,不溶于水,熔点为 163～165 ℃,沸点为 481 ℃,相对密度为 1.286。苯并[b]荧蒽可燃,在工业上无生产和使用价值。苯并[b]荧蒽的相对致癌性很强。

(11) 苯并[k]荧蒽

苯并[k]荧蒽为白色至浅黄色结晶状固体,不溶于水,熔点为 215～217 ℃,沸点为 480 ℃,相对密度为 1.286。苯并[k]荧蒽在一些荧光应用中被广泛使用,可被用作有机发光二极管的发光材料,还可用于太阳能电池、有机薄膜晶体管等光电器件的制备。苯并[k]荧蒽易燃,在 2B 类致癌物清单中。

(12) 蒽

蒽为无色棱柱状晶体,有蓝紫色荧光,容易升华,不溶于水,熔点为 215 ℃,沸点为 340 ℃,相对密度为 1.283,可用作发光材料、蒽醌和染料等,也可用作杀虫剂、杀菌剂、汽油阻凝剂等。蒽遇明火、高热可燃。蒽微毒,致癌阳性。

(13) 二苯并[a,h]蒽

二苯并[a,h]蒽为浅黄色至厚黄色片状、叶状晶体,不溶于水,熔点为 266～267 ℃,沸点为 524 ℃,相对密度为 1.282。二苯并[a,h]蒽易燃,在 2A 类致癌物清单中。

(14) 二噁英

多氯二苯并对二噁英和多氯二苯并呋喃为二噁英类代表物。二噁英这类物质非常稳定,为白色晶体,熔点较高,极难溶于水。二噁英毒性是氰化物毒性的

130倍、砒霜毒性的900倍,有"世纪之毒"之称。二噁英中以2,3,7,8-四氯二苯并对二噁英的毒性最大,是迄今为止人类已知的毒性最大的污染物,IARC已将其列为1类致癌物,毒性相当于氰化钾毒性的1 000倍,其具有皮肤毒性、生殖毒性、胎盘毒性,既是致癌剂又是促癌剂。多氯二苯并呋喃是无色无味、毒性很大的脂溶性物质。

典型有毒有害有机污染物毒性如表2-5所示。

表2-5 典型有毒有害有机污染物毒性

序号	污染物名称	急性毒性	致癌性	致突变性	生殖毒性
1	苯	LD_{50}:930 mg/kg(大鼠经口);LD_{50}:4 700 mg/kg(小鼠经口)	苯暴露组9、18号染色体双体精子率、缺体率、总数目畸变率均高于对照组的	苯诱导小鼠卵母细胞及个细胞合子雌原核染色体非整倍体明显增加	—
2	甲苯	LD_{50}:5 000 mg/kg(大鼠经口);LC_{50}:12 124 mg/kg(兔经皮);人吸入71.4 g/m³,短时致死;人吸入3 g/m³×(1～8)h,急性中毒;人吸入(0.2～0.3)g/m³×8 h,中毒症状出现	—	微核试验,小鼠经口200 mg/kg,可引起肾脏损害	最低中毒剂量TC_{L0}:1.5 g/m³(大鼠吸入),24 h(孕1～18 d用药),致胚胎毒性和肌肉发育异常;TC_{L0}:500 mg/m³(小鼠吸入),24 h(孕6～13 d用药),致胚胎毒性
3	2,4-二硝基甲苯	LD_{50}:268 mg/kg(大鼠经口)	—	DNA损伤:大肠杆菌3 mmol/L	TC_{L0}:1.05 g/kg(大鼠经口,孕7～20 d用药),引起血液和淋巴系统(包括脾脏和骨髓)发育异常和迟发效应(新生鼠)
4	邻甲苯胺	LD_{50}:670 mg/kg(大鼠经口);LC_{50}:3 250 mg/kg(兔经皮);人吸入176 mg/m³×60 min,严重毒作用;人吸入44 mg/m³,出现症状;人吸入22 mg/m³,不悦感	TD_{L0}:870 g/kg(小鼠经口,7周连续),致肿瘤阳性;TD_{L0}:8 200 mg/kg(大鼠经口,24周间歇),致肿瘤阳性	鼠伤寒沙门氏菌阳性	—

表 2-5(续)

序号	污染物名称	急性毒性	致癌性	致突变性	生殖毒性
5	1,1-二氯乙烯	LD_{50}:200 mg/kg(大鼠经口);LD_{50}:194 mg/kg(小鼠经口)	—	实验室测试表明有诱变效应	—
6	六氯丁二烯	LD_{50}:90 mg/kg(大鼠经口);LD_{50}:110 mg/kg(小鼠经口);LC_{50}:121 mg/kg(兔经皮)	—	—	—
7	苯并[a]蒽	LD_{50}:500 mg/kg(小鼠腹腔);LD_{50}:50 mg/kg(大鼠皮下)	TD_{L0}:2 mg/kg(小鼠皮下),阳性;TD_{L0}:8 mg/kg(小鼠非肠道),阳性;TD_{L0}:80 mg/kg(小鼠非肠道),阳性;TD_{L0}:240 mg/kg(小鼠经皮,5周),阳性	DNA 损伤:大肠杆菌 10 μmol/L	—
	苯并[a]芘	LD_{50}:50 mg/kg(大鼠皮下);LD_{50}:500 mg/kg(小鼠腹腔)	代谢产生 7,8-二氢二羟基-9,10-环氧化苯并[a]芘,可能是最终致癌物,与 DNA 形成共价键结合,造成 DNA 损伤,发生癌变。动物试验包括经口、经皮、吸入、经腹膜皮下注射,均出现致癌	40 mg/kg,1 次,田鼠经腹膜,染色体试验多种变化	1 000 mg/kg(妊娠大鼠经口),胎儿致畸
	蒽	LD_{50}:>16 g/kg(大鼠经口);LD_{50}:4 900 mg/kg(小鼠经口);LD_{50}:430 mg/kg(小鼠静脉)	TD_{L0}:18 g/kg(大鼠经口,78 周,间断)	—	—

表 2-5(续)

序号	污染物名称	急性毒性	致癌性	致突变性	生殖毒性
8	二噁英类物质：多氯二苯并对二噁英和多氯二苯并呋喃	LD_{50}:22.5 $\mu g/kg$（大鼠经口）；LD_{50}:114 $\mu g/kg$（小鼠经口）；LD_{50}:500 $\mu g/kg$（豚鼠经口）	1类致癌物	鼠伤寒沙门氏菌，3 mg/L；大肠杆菌，2 mg/L	二噁英能引起雌性动物卵巢功能障碍，抑制雌激素的作用，使雌性动物不孕、胎仔减少、流产等

2.2.1.2 有毒有害有机污染物对生态系统的危害

2,4-二硝基甲苯对水生生物有毒害作用，浓度达 10 mg/L 时，可造成水生生物的死亡。2,4-二硝基甲苯对环境有危害，在地下水中有蓄积作用。六氯丁二烯对水生生物有极大毒性，可能在水生环境中造成长期不利影响。苯并[a]蒽对水生生物有极大毒性，可能对水体环境产生长期不良影响，且在水体、土壤和作物中都容易残留。苯并[a]菲对水生生物有极大毒性，可能对水体环境产生长期不良影响。苯并[a]芘能积累在生物体中，导致生物染色体发生畸变，无序合成 DNA，进而威胁健康；其在动物模型中显示肺致癌性；在水体、土壤和作物中都容易残留。多氯二苯并对二噁英对水生生物毒性极大，非常容易在生物体内累积，对水生环境可能会产生长期有害作用。

2.2.1.3 有毒有害有机污染物对人体健康的危害

（1）苯

苯的毒性级别：剧毒，1 类致癌物。人吸入或皮肤接触大量苯进入体内，会发生急性和慢性苯中毒。长期吸入会侵害人的神经系统，急性中毒会产生神经痉挛甚至昏迷、死亡；苯会在大脑、骨髓和脂肪组织慢慢蓄积，只有很少量能从肾脏排出，所以一旦苯进入人体，基本上只能走致癌代谢这一条路了。研究发现，在白血病患者中，有很大一部分人有苯及其有机制品接触历史。

（2）甲苯

甲苯对人体健康有害，急性毒性轻度中毒表现为头痛、头晕、咳嗽、胸闷、兴奋等；重度中毒表现为神志模糊、肌肉震颤、呼吸浅快等；严重中毒可因呼吸中枢麻痹死亡。慢性毒性轻度中毒表现为白细胞减少、头晕、记忆力下降等；重度中毒可发生再生障碍性贫血，甚至引发白血病、死亡。

（3）2,4-二硝基甲苯

2,4-二硝基甲苯易经皮肤吸收引起中毒,急性中毒表现为紫绀、头痛、头晕、兴奋、虚弱、倦睡甚至神志丧失,不及时治疗可引起死亡;慢性中毒表现为头痛、头晕、疲倦、腹痛、白细胞增多、贫血和黄疸等。

（4）邻甲苯胺

邻甲苯胺通过吸入、食入、经皮吸收侵入等途径引起中毒。邻甲苯胺是强烈的高铁血红蛋白形成剂,并能刺激膀胱尿道,能致血尿。急性中毒多由皮肤污染而吸收,引起自觉脸部灼热、剧烈头痛、头晕、呼吸困难,呈现紫绀症,之后出现血尿、尿闭、精神障碍、肌肉抽搐。慢性中毒可引起膀胱刺激症。

（5）1,1-二氯乙烯

1,1-二氯乙烯对人体有毒,长期暴露于1,1-二氯乙烯的环境中可能引发中枢神经系统问题、肝脏损伤和肾脏损害,高浓度暴露可能导致昏迷、呼吸困难甚至死亡。

（6）六氯丁二烯

六氯丁二烯对眼睛、皮肤、黏膜和上呼吸道有强烈刺激作用。吸入可引起喉炎、支气管炎症、痉挛,化学性肺炎、肺水肿等。接触后可出现灼热感、咳嗽、头痛、恶心和呕吐。

（7）多环芳烃类物质

苯并[a]蒽被认为是高活性致癌剂,是致畸源及诱变剂,但并非直接致癌物,必须经细胞微粒体中的混合功能氧化酶激活才具有致癌性。苯并[a]蒽对眼睛、皮肤有刺激作用。长期生活在含苯并[a]蒽的空气环境中,会造成慢性中毒,空气中的苯并[a]蒽是导致肺癌的重要因素之一。

苯并[a]芘对眼睛、皮肤有刺激作用,是致癌物、致畸源及诱变剂,与许多癌症有关。长期生活在含苯并[a]芘的空气环境中,会造成慢性中毒,空气中的苯并[a]芘是导致肺癌的重要因素之一。

蒽纯品基本无毒,工业品因含有菲、咔唑等杂质,毒性明显增大;通过吸入、食入、经皮吸收侵入,对皮肤、黏膜有刺激性,易引起光感性皮炎。

（8）二噁英类物质

二噁英在人体内降解缓慢,主要蓄积在脂肪组织中,具有不可逆的致畸、致癌、致突变毒性。多氯二苯并二噁英吞食后有剧毒,跟皮肤接触有剧毒,对皮肤有刺激性;经皮肤接触吸收后可产生全身影响,并可致命。

2.2.2　酞酸酯类新型有机污染物的毒性及危害

2.2.2.1　酞酸酯类新型有机污染物的基本和毒理性质

（1）邻苯二甲酸二正丁酯

邻苯二甲酸二正丁酯是一种无色至浅黄色液体,在常温下具有微弱的特殊香气,熔点为$-35\ ℃$,沸点为$340\ ℃$,相对密度为1.050,几乎不溶于水,明火可爆,是塑料、合成橡胶和人造革等的常用增塑剂。邻苯二甲酸二正丁酯中毒,会对生物机体造成组织癌变、发育畸形、繁殖毒性、基因突变等不良影响。急性毒性LD_{50}:7 499 mg/kg(大鼠口服);LD_{50}:3 484 mg/kg(小鼠口服)。

（2）邻苯二甲酸二异丁酯

邻苯二甲酸二异丁酯为无色透明液体,微有芳香气味,熔点为$-64\ ℃$,沸点为$327\ ℃$,相对密度为1.039,在水中溶解度为0.05 g/L($25\ ℃$),遇明火、高温、强氧化剂可燃。邻苯二甲酸二异丁酯主要用作聚氯乙烯增塑剂,广泛用于塑料、橡胶、油漆及润滑油、乳化剂等工业中。邻苯二甲酸二异丁酯低毒,急性毒性LD_{50}:15 000 mg/kg(大鼠口服);LD_{50}:10 000 mg/kg(小鼠口服)。

（3）邻苯二甲酸二乙基己基酯

邻苯二甲酸二乙基己基酯是一种有特殊气味的无色透明液体,熔点为$-55\ ℃$,沸点为$386.9\ ℃$,相对密度为0.986,$25\ ℃$时在水中溶解度小于0.01%,水在该品中的溶解度为0.2%,可燃,与空气混合可爆。邻苯二甲酸二乙基己基酯是使用最广和产量最大的塑化剂,用作塑料的主增塑剂,广泛用于聚氯乙烯制品中。邻苯二甲酸二乙基己基酯中毒,急性毒性LD_{50}:30 000 mg/kg(大鼠口服);LD_{50}:1 500 mg/kg(小鼠口服)。

2.2.2.2 酞酸酯类新型有机污染物对生态系统的危害

邻苯二甲酸二正丁酯可能对生态系统造成一定的风险,包括对水生生物的毒性和对内分泌系统的干扰。邻苯二甲酸二异丁酯对水生生物有极大毒性,可能在水生环境中造成长期不利影响。邻苯二甲酸二乙基己基酯能够使生物细胞存活率显著降低并增加DNA损伤程度,同时促进癌细胞的迁移。

2.2.2.3 酞酸酯类新型有机污染物对人体健康的危害

酞酸酯在人体和动物体内发挥着类似雌性激素的作用,可干扰内分泌,是一种潜在的内分泌干扰物,会使男子精液量和精子数量减少,精子运动能力低下,精子形态异常,严重的会导致睾丸癌,是造成男子生殖问题的"罪魁祸首",也会增加女性患乳癌、子宫内膜癌的风险。

邻苯二甲酸二正丁酯可通过吸入、皮肤接触和食入进入人体,被认为对人体的影响较小,并且在正常使用情况下毒性较小,但长期暴露于高浓度的邻苯二甲酸二正丁酯中可能会对生殖系统和发育产生不良影响。邻苯二甲酸二异丁酯有损害生育能力,可能对胎儿造成伤害的危险。邻苯二甲酸二乙基己基酯具有明确的雌性生殖毒性,可通过消化系统、呼吸系统及皮肤接触等途径进入人体,也可通过胎盘和乳汁到达下一代体内。

第3章 徐州地区垃圾填埋场现状调查与评价

3.1 研究区概况

3.1.1 行政区划

徐州市位于华北平原的东南部,江苏省西北部,东经 $116°22'\sim118°40'$,北纬 $33°43'\sim34°58'$,东西长约 210 km,南北宽约 140 km,总面积 11 258 km²,是江苏省重点规划建设的三大都市圈(南京、苏锡常、徐州)之一,又是淮海经济区的中心城市。徐州下辖 5 个市辖区(鼓楼区、云龙区、泉山区、贾汪区、铜山区)、3 个县(睢宁县、丰县、沛县)、代管 2 个县级市(邳州市、新沂市),据第七次全国人口普查公报,2023 年徐州市常住人口共计 902 万人。

3.1.2 河流水系

徐州市以黄河故道为分水岭,地处北部沂、沭、泗诸水的中、下游和南部睢、安河水系的上游。境内河流纵横交错,湖沼、水库星罗棋布,废黄河斜穿东西,京杭大运河纵贯南北,北有骆马湖沂、沭诸水系,西有复新河、大沙河等河流及微山湖,有大小河流 54 条,多属季节性河流,大型水库 2 座(微山湖、骆马湖)、中型水库 5 座、小型水库 84 座,以及众多的桥、涵、渠、闸等水利设施。

徐州市河流分属三大水系,分别是废黄河水系、奎濉河水系和沂沭泗水系。

3.1.2.1 废黄河水系

废黄河是历史上的黄河故道。黄河从 1194 年至 1855 年夺泗、夺淮行水 660 年,上游大量泥沙下移淤积,形成一条高出两侧地面 4~6 m 的"悬河",自成独立水系。该水系上段西起河南省兰考县,至徐州市丰县二坝段,河道长 178 km,流域来水全部经丰县大沙河排入南四湖;下段从二坝至徐洪河段,长 196 km,经由周庄、丁楼、徐州市区,在睢宁袁圩处被徐洪河截断,流域面积 885 km²。

3.1.2.2 奎濉河水系

奎濉河水系位于废黄河以南,发源于徐州市区西南云龙山区,是淮北地区跨苏皖两省的骨干排水河道,于江苏省泗洪县进入洪泽湖的溧河洼,流域面积

3 598 km²,包括奎濉河水系 2 972 km² 及老濉河水系 626 km²。

徐州市境内主要有奎河干流及其支流和上游的云龙湖水库,其中奎河干流长 24.7 km,流域面积 167 km²。市区段奎河干流自云龙湖水库下游至杨山头闸,长 15.6 km,其支流在市区有琅河和闫河,其长度分别为 4.5 km 和 5.6 km。

云龙湖水库位于市区西南部,始建于 1958 年,1976 年、1999 年曾 2 次进行加固,水库集水面积为 59.7 km²,其中水面面积为 5.7 km²,正常蓄水位为 32.8 m。奎濉河水系均排入洪泽湖。

3.1.2.3　沂沭泗水系

废黄河以北为沂沭泗水系,主要有沂河、沭河及泗河等干河。沂沭泗诸水原属淮河流域,泗水是淮河下游最大支流,沂水和沭水入泗、入淮。南宋以前,沂、沭、泗水排泄通畅,泗水是沟通黄、淮的重要通道。1194 年,黄河在武阳决口,洪水主流沿汴入泗、入淮,1495 年,黄陵岗等北流河口被堵塞,又筑有太行堤,迫使黄河全流入泗。到明万历年间,推行"筑堤束水"的治河方针,加固、修筑了开封至海口的黄河堤防,黄河河槽被固定下来。由于黄河泥沙淤积,河床不断抬高,形成地上河,使沂、沭、泗入黄受阻。泗水在徐州与济宁间逐渐潴壅成南四湖;沂水滞蓄在马陵山西侧,加之黄河决口漫溢逐渐潴壅成骆马湖。直至 1855 年,黄河在铜瓦厢决口,才结束了黄河长期夺泗夺淮的历史,现在的废黄河成为沂沭泗水系与淮河水系的分水岭。沂沭泗流域北起沂蒙山脉,西至黄河右堤,东临黄海,南以废黄河与淮河为界,流域面积 7.89 万 km²,在徐州市境内面积 8 479 km²。徐州市区紧邻泗河水系的南四湖。南四湖位于泗河中游,是调蓄洪水、供水、灌溉及航运等多功能湖泊,流域面积 3.14 万 km²。南四湖分为上级湖和下级湖,下级湖正常蓄水位为 32.5 m,历史实测最高洪水位为 36.86 m(1957 年 8 月 3 日)。

3.1.3　水文地质条件

3.1.3.1　地下水系统分区

根据地下水含水介质性质和赋存条件,将徐州市城区地下水分为松散岩类孔隙水、碳酸盐岩裂隙溶洞水(岩溶水)、碎屑岩类裂隙水、火成岩类裂隙水 4 种类型。徐州市地下水主要开采松散岩类孔隙水及碳酸盐岩裂隙溶洞水,下面主要介绍此两种类型地下水的水文地质条件。

3.1.3.2　松散岩类孔隙水

松散岩类孔隙水含水层由第四系冲积、冲洪积松散沉积物组成,广泛分布于山前地带、山间盆地冲积平原区,按埋藏条件及水力性质,进一步划分为全新统、中-上更新统及下更新统 3 个孔隙含水层。

（1）全新统孔隙含水层

该含水层广泛分布于平原区、废黄河高河漫滩,厚度较大,多大于 15 m,最厚 27 m,向两侧平原区厚度变薄,一般小于 10 m。含水层岩性主要为粉土、粉砂夹粉质黏土薄层,局部地区为粉细砂,结构松散,透水性较好。底部有一层淤泥质粉质黏土,厚 2～8 m,分布较为稳定,透水性弱,可视为本层孔隙水的隔水底板。本层富水性弱,水量贫乏,单井涌水量多在 10～100 m³/d。本层地下水为孔隙潜水,水位埋深仅在废黄河高河漫滩地带略大于 5 m,在其他地区一般小于 5 m。

（2）中-上更新统孔隙含水层

该含水层广泛分布在山前、山间洼地和平原地区。在柳新—拾屯—夹河一线以西地区,含水层岩性主要为棕黄、棕红色含钙质、铁锰质结核粉质黏土,夹薄层状或透镜状粉土,顶板埋深为 10～20 m,底板埋深在柳新—拾屯一带为 40～50 m,向西北到郑集—马坡一带增大至 70～80 m,自郑集向西至何桥一带增大至 100～110 m。含水层厚度在柳新—拾屯—夹河一带最薄,为 30～40 m,向西北逐渐加大,最厚在何桥,达到 80～90 m。地下水属承压水,水头埋深一般在 5～10 m。含水层富水性好,单井涌水量在柳新—拾屯—夹河一带为 100～1 000 m³/d,在何桥、黄集、郑集、马坡等地可达 1 000 m³/d 以上。

在柳新—拾屯—夹河一线以东地区,该含水层岩性主要为含钙质、铁锰质结核的粉质黏土(局部地段钙质结核富集成层)。在山前和山间洼地含水层裸露地表,具有潜水特征,在平原区被 5～15 m 厚的全新统覆盖,为弱承压水,水位埋深一般在 3～10 m。含水层厚 5～40 m,在山前、山间洼地较薄,向平原区增厚。底板埋深小于 50 m,且直接与下伏基岩接触。含水层富水性较差,单井涌水量仅在潘塘—棠张一带及徐州市区黄河故道沿岸地带可达 100 m³/d 以上,在其他地段多为 10～100 m³/d。

（3）下更新统孔隙含水层

该含水层分布在柳新—拾屯—夹河一线以西的平原区。含水层总体呈由东南向西北倾斜的特征,顶板埋深自东南柳新一带的 40 m 左右向西北何桥一带渐增至 100～110 m,底板埋深亦呈自东南向西北逐渐增大的规律,在柳新、夹河等地仅为 60～70 m,向西北至何桥一带增至 170 m 左右。含水层厚度在郑集东南小于 70 m,在何桥、黄集一带为 80～100 m。含水层上部岩性主要为砂、砂砾与含砾粉土或含砾粉质黏土,夹粉质黏土层;下部岩性主要为粉质黏土,夹粉土、中细砂或含砾中细砂层,含水砂层主要分布在刘集以西地区。该含水层水量丰富,单井涌水量在马坡—郑集一线的东南较小,为 100～1 000 m³/d,在其他地区均大于 1 000 m³/d。含水层水位埋深一般在 10～20 m。

3.1.3.3 碳酸盐岩裂隙溶洞水

碳酸盐岩裂隙溶洞水含水岩组主要分布在垞城—柳新—拾屯—夹河一线以东地区,按地质年代和地层岩性组合特征,划分为 8 个含水层。

(1)石炭系上统裂隙岩溶含水层

该含水层主要分布在贾汪、拾屯复式向斜的近核部及其次级向斜的核部,多被松散层覆盖,覆盖层厚度一般为 30～60 m。

石炭系上统本溪组除上部夹有中厚层灰岩外,主要为页岩及泥岩,透水性较差。太原组岩性为砂岩、灰岩夹煤层,其中灰岩 11～13 层,单层厚度为 0.1～16.0 m,裂隙岩溶较发育,富水性较好,单井涌水量多大于 5 000 m³/d。

该含水层水化学类型较复杂,一般以 HCO$_3$·Cl-Ca·Mg 型为主,局部出现 SO$_4$·Cl-Na·Ca·Mg 型或 Cl·SO$_4$-Mg·Ca·Na 型,矿化度一般在 1～3 g/L。

(2)奥陶系阁庄-肖县组裂隙岩溶含水层

该含水层分布在贾汪、拾屯复式向斜的翼部,在利国等地的山区裸露地表,在其他地区被厚 10～50 m 的松散层覆盖。岩性主要为厚层灰岩、豹皮状灰岩和白云岩。

在裸露山区虽然裂隙岩溶发育,易于接受大气降水入渗补给,形成裂隙岩溶潜水,但由于地势较高,排泄快,不利于地下水储存,故水量较贫乏,泉流量多小于 10 L/s。在隐伏区储水、汇水条件好,往往形成承压水,富水性好,单井涌水量多在 1 000 m³/d 以上。在不牢河及废黄河断裂带附近的单井涌水量多大于 5 000 m³/d。

该含水层水化学类型多为 HCO$_3$-Ca(或 Ca·Mg)型,矿化度小于 1 g/L。

(3)奥陶系贾汪组-寒武系崮山组裂隙岩溶含水层

该含水层分布在蔺家坝—拾屯—夹河一线以东至大庙—两山口—三堡一线以西地区。在汉王—三堡、柳泉—利国等山区裸露地表,在平原区埋深多小于 50 m,岩性主要为白云岩和薄层灰岩。

在裸露区属裂隙岩溶潜水,泉流量小于 10 L/s;在隐伏区为承压或弱承压水,单井涌水量多在 100～1 000 m³/d;涌水量大于 5 000 m³/d 的钻孔均位于张扭性断裂带上或其两侧附近地区,其富水性受构造控制明显。

该含水层水质多为矿化度小于 1 g/L 的 HCO$_3$-Ca(或 Ca·Mg)型水。

(4)寒武系张夏组裂隙岩溶含水层

该含水层分布、埋藏条件及出露情况与奥陶系贾汪组-寒武系崮山组裂隙岩溶含水层的大致相同,其岩性为厚层鲕状灰岩和豹皮状灰岩,局部夹薄层泥质灰岩或泥质白云岩,裂隙岩溶发育,富水性好,在裸露区为潜水,在隐伏区多为承压或弱承压水。

该含水层单井涌水量多在 1 000 m³/d 以上,富水程度主要受构造和地貌条件影响。在平原区或山间盆地中,富水性好,单井涌水量一般大于 1 000 m³/d,在张扭性断裂带中多大于 5 000 m³/d,个别井大于 10 000 m³/d。

该含水层水质一般为矿化度小于 0.5 g/L 的 HCO_3-Ca(或 Ca·Mg)型水。

(5)寒武系徐庄组-毛庄组裂隙岩溶含水层

该含水层岩性以砂页岩为主,夹中～厚层灰岩,灰岩单层厚度一般为 0.5～10 m。该含水层裂隙较发育,但富水性不均,除局部地段单井涌水量大于 1 000 m³/d 外,一般小于 100 m³/d,水质多为矿化度小于 1 g/L 的 HCO_3-Ca 型水。

(6)寒武系下统(猴家山组和馒头组)裂隙岩溶含水层

该含水层多分布在次级背斜的近核部,在山前地带有零星出露。馒头组上段岩性为砂页岩和薄层灰岩互层,裂隙岩溶不发育,透水性差,可作为弱透水层;馒头组下段中、下部岩性以厚层中厚层灰岩、豹皮状灰岩为主,裂隙岩溶较发育,富水性相对较好,单井涌水量一般为 100～1 000 m³/d,在有利的构造部位及汇水条件好时,可大于 1 000 m³/d。

本含水层下部猴家山组岩性以灰岩、泥质灰岩为主,虽然发育有一定的裂隙溶孔,但连通性差,富水性差。水质为矿化度在 0.5～1.0 g/L 的 HCO_3-Ca(或 Ca·Na)型水。

(7)震旦系望山-魏集组裂隙岩溶含水层

该含水层仅在毛庄、吕梁、张集等地零星分布,并在毛庄—吕梁一带出露地表,在张集一带被 20～40 m 厚的第四系覆盖,岩性以白云岩、灰岩、砂页岩互层为主,裂隙岩溶不甚发育,单井涌水量多小于 1 000 m³/d。水质为矿化度小于 1 g/L 的 HCO_3-Ca(或 Ca·Mg)型水。

(8)震旦系张渠组-赵圩组裂隙岩溶含水层

该含水层分布在大庙—两山口一线以东地区,在吴邵—吕梁一带山区大面积出露并形成裂隙岩溶潜水,在山前、山间和平原区被 5～30 m 厚的松散层覆盖,多为承压或弱承压水,岩性主要为白云岩、灰岩夹泥质白云岩、泥质条带灰岩。

在裸露区由于地势较高,不利于地下水储存,故水量贫乏,泉流量小于 10 L/s,隐伏区水量相对较为丰富,多为 100～5 000 m³/d。

在张扭性富水断裂带附近,单井涌水量较大,如位于废黄河断裂带中的部分钻孔涌水量超过 5 000 m³/d,个别钻孔甚至达 10 000 m³/d 以上。

该含水层水质为矿化度小于 1 g/L 的 HCO_3-Ca(或 Ca·Mg)型水。

3.1.4 生活垃圾填埋场概况

据徐州市环境卫生管理处相关信息统计,徐州市正规垃圾填埋场共计 5 处（邳州市暂无）,垃圾总存量约为 1 107 万 t;非正规垃圾填埋场约 23 处（其中市区约 8 处）,垃圾填埋堆放量约为 1 042 万 t。

徐州地区正规垃圾填埋场分别为徐州市铜山区的雁群生活垃圾填埋场、睢宁县官山镇的睢宁县生活垃圾填埋场、新沂市新安镇嶂苍村的新沂市北马陵垃圾填埋场、沛县城东外环路东的沛县生活垃圾填埋场、丰县城北外环路北的丰县生活垃圾卫生填埋场。非正规垃圾填埋场及堆场相对较多,位于岩溶地区的典型非正规垃圾处置场有徐州市云龙区的翠屏山垃圾填埋场、邳州市议堂镇彭河南邳睢路西的邳州生活垃圾堆场。

3.2 研究区生活垃圾填埋场特征调查

3.2.1 正规生活垃圾填埋场特征

3.2.1.1 睢宁县生活垃圾填埋场

（1）原简易垃圾堆置场特征

睢宁县简易垃圾堆置场位于白塘河支流以东、104 国道以西,距睢宁县城约 7 km 的睢宁县官山镇牌坊村。该场始建于 2002 年,占地约 98 亩（1 亩＝666.7 m²,全书同）,原为砖瓦厂取土后遗留的废坑,无任何防渗和环保措施,睢宁县城区域所产生的生活垃圾开始堆放在此,日积月累成为睢宁县城主要的垃圾堆置场。截至 2010 年,该地区堆置生活垃圾量约为 34×10^4 m³[24],产生的垃圾渗滤液部分蒸发,部分经地表径流进入地表水体,部分经地表径流或直接下渗进入土壤或地下水,对该地区土壤、地表水体、地下水体构成一定威胁。

（2）卫生填埋场特征及现状

应睢宁县城镇化进程及相关政策要求,2010 年,睢宁县环境卫生管理处拟在该简易垃圾堆置场建设睢宁县生活垃圾无害化卫生填埋场。项目工程耗资 9 900 万元,建设期 1 年,占地 262 013.1 m²（393 亩）,其中库区占地 201 600 m²,分为 3 个填埋区域,设计服务年限 15 年（2010—2024 年）,设计规模为 480 t/d,填埋库区总库容为 326 万 m³[24]。

按照生活垃圾无害化卫生填埋场设计、建设要求对原垃圾堆置场进行改造。首先对场址内Ⅰ区 A 单元进行场地平整,铺设防渗膜,待Ⅰ区 A 单元前期工作完成后,将原垃圾堆置场已堆置的生活垃圾进行清挖,清挖出的陈旧生活垃圾按照卫生填埋方式在Ⅰ区 A 单元进行填埋;与此同时,原先堆置陈旧生活垃圾的场地（Ⅰ区 B 单元）将会腾空,可以对其进行平整、铺设防渗膜,前期工作完成后在Ⅰ区B单元进行填埋。同样,Ⅰ区北侧的Ⅱ区、Ⅲ区操作方法与Ⅰ区相同,均为分单元依次作业。截至2015年年底,该填埋场垃圾处理量约为460 t/d,已填埋总量约为120万 m³,Ⅰ区A单元已填满,Ⅰ区B单元正在建设并准备投入使用。

(3) 现卫生填埋场填埋及防渗工艺

该卫生填埋场采用分层摊铺、分层碾压、分单元逐日覆土的填埋作业方式。

根据场地工程地质概况及现场踏勘情况,场地无法形成独立完整的水文单元,故采取人工水平防渗(人工防渗衬层系统选择复合衬里防渗系统)与垂直防渗相结合的方式。建设项目库区底部防渗系统采用复合衬里防渗系统。填埋库区西侧100 m处有白塘河支流穿过。白塘河为睢宁县的主要排涝河道,为了有效地保护河道水质,防止垃圾渗滤液对河道的污染,工程设计在库区西侧设置垂直防渗墙(深层搅拌水泥土防渗墙),根据地质报告防渗墙墙底标高落于第4层黏土土层上,标高为11.50 m,墙高约为8.5 m。睢宁县生活垃圾填埋场工程剖面如图3-1所示。

填埋场垃圾坝和分区坝为土坝,其断面尺寸为顶宽7.00 m,坝中心轴线长2 678.0 m,坝顶标高22.00 m,坡度均为1∶2.5,均采用防渗措施进行处理。为保持地下水位与废物层有足够的安全距离,以防地下水受到渗滤液下渗的污染,且防止地下水向场内入渗,减少渗滤液的产生量,建设项目设置地下水导排系统,该库区地下水导排管管中心与渗滤液导排管管中心相距3.0 m。该垃圾填埋场使用期间,填埋区域地下水不停抽出并直接排放到场区内。

(4) 垃圾来源及渗滤液产生处置情况

该填埋场垃圾主要来自睢宁县日产日清以及多年前堆置的生活垃圾,此外还有该填埋场建设初期填埋的部分工业废弃物(主要来自睢宁皮革产业园)。该填埋场库容大,设计调节池有效容积为15 000 m³,日常储量约为12 000 m³,采用地坑式HDPE土工膜防渗。2015年垃圾渗滤液产生量约为120 m³/d,处理量约为60 m³/d,采用"MBR(膜生化反应器)+NF(纳滤)+RO(反渗透)"工艺进行处理。根据相应环评要求,垃圾渗滤液经处理达到《生活垃圾填埋场污染控制标准》(GB 16889—2008)水污染物排放浓度限值后应由槽车运至徐州中创污水处理厂作进一步处理。但据实地考察,该垃圾填埋场处理后的渗滤液并未送污水处理厂进一步处理。

3.2.1.2 雁群生活垃圾填埋场

(1) 垃圾填埋场特征及现状

该填埋场全称为徐州市雁群生活垃圾填埋场,耗资17 171万元,总占地面积为0.55 km²,建设周期为1年,开始运行时间为2005年7月,于2006年12月扩

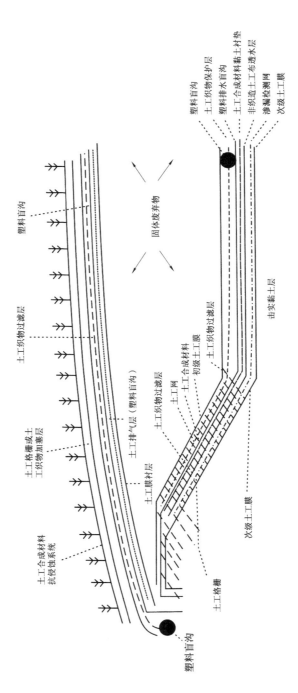

图 3-1 睢宁县生活垃圾填埋场工程剖面图

建,扩建后总面积为 0.66 km²,划分为 A、B、C、D 4 个库区,总库容量为 640 万 t,设计服务年限为 12 年,设计处理能力为 1 500 t/d。2015 年该垃圾填埋场 A、B、C 库区已经使用,D 库区正在处理待使用。由于 2009 年 8 月起大部分生活垃圾转运到徐州市某垃圾焚烧发电厂使用,之后进场的垃圾较大幅度减少,2015 年垃圾处理量约为 460 t/d,已填埋总量约为 400 万 t[25]。

（2）填埋及防渗工艺

该填埋场采取分区填埋,填埋区用高密度聚乙烯（HDPE）膜防渗,采用填坑与倾斜面堆积法相结合的作业方式,推土机单独推铺压实,黏土覆盖。根据所在地区的地质条件,采取人工水平防渗,分区在填埋区底部采用 HDPE 防渗膜及土工织物、膨润土防渗,同时铺设坡向渗滤液收集管,采用场底高程差异自流及设置导排管线相结合的方式,以减少渗滤液对地下水的污染风险。

（3）垃圾来源及渗滤液产生处置情况

2015 年,该垃圾填埋场主要垃圾来源为徐州市区居民生活、道路清扫及办公商业垃圾,此外还收纳徐州市某垃圾焚烧发电厂产生的炉渣和飞灰。垃圾渗滤液产生量约为 150 m³/d,采用渗滤液回灌的方式来减少渗滤液的产生量及处理费用,回灌量约为 60～80 m³/d,主要采用喷灌的方式,剩余的 70～90 m³/d 渗滤液送调节池,调节池设计有效容积为 15 000 m³,日常储量约为 12 000 m³,收集后的渗滤液进渗滤液处理站,采用"加药混凝＋A²/O＋消毒"工艺进行处理,水质达《生活垃圾填埋场污染控制标准》（GB 16889—2008）渗滤液排放限值二级标准后排放氧化塘自然氧化,氧化塘容积约为 40 000 m³,可较长时期容纳渗滤液处理达标后的尾水,部分渗滤液直接采用回灌的技术回灌到填埋区,部分经处理后再排放氧化塘进一步自然降解后用于场内绿化带灌溉。

3.2.1.3　沛县生活垃圾填埋场

（1）填埋场特征及使用现状

该垃圾填埋场一期工程于 1996 年建成,占地 45 亩,为简易垃圾堆场,2007 年库容已基本达到饱和,无法继续接纳新的生活垃圾,因此在一期工程的东侧（原东风砖厂的取土坑）投产建设了二期工程。二期工程占地约 60 亩,投资 5 266.62 万元,设计建设期 1 年,服务期 6 年（2008—2013 年）,平均处理规模为 300 t/d,二期填埋库区总库容为 145×10⁴ m³。2014 年三期填埋库区开工建设,位于一期填埋库区西侧,占地面积约 40 亩,投资 1 500 万元,设计建设期半年,处理规模为 500 t/d,三期填埋库区总库容为 85×10⁴ m³。2015 年一期和二期已封场,三期已投入使用[26]。

（2）垃圾来源及防渗工艺

该填埋场垃圾为混合收集,以沛县居民生活、商业、办公、集贸市场及街道生活垃圾为主,并混有部分建筑垃圾。采取分期分区填埋,填埋区用 HDPE 膜防渗。根据场地工程地质概况及现场踏勘情况,该填埋场采取人工防渗措施中的水平防渗方式;采用复合衬里防渗系统;选用 HDPE 土工膜为该填埋场防渗层的主要防渗材料,选择 600 g/m² 的无纺土工布作为 HDPE 土工膜的膜上保护层,采用 GCL 膨润土毯作为膜下的保护层。

（3）渗滤液产生及处置

该填埋场渗滤液产生量约为 150 m³/d,在库底设置两条导排主盲沟,中心设 DN300 的 HDPE 穿孔管,周围填充粒径 20～30 mm 的卵石,以防止穿孔管堵塞,导流层中渗滤液通过 2％的坡度坡向渗滤液收集导排泵井提升后排入渗滤液调节池。调节池采用地坑式 HDPE 土工膜防渗,有效容积为 3 000 m³。2011 年前渗滤液采取"预处理(厌氧＋好氧＋混凝沉淀)＋输送至污水处理厂处理",2011 年经环评变更后采用"脱氮＋混凝气浮＋UASB＋接触氧化"工艺处理达标后直接排放。

3.2.1.4 丰县生活垃圾卫生填埋场

（1）填埋场特征及使用现状

丰县城北生活垃圾填埋场始建于 2002 年,占地约 50 亩,原为丰县北史道窑厂废坑,没采取任何防渗、污水处理等环保措施,至 2008 年填埋量饱和,填埋高度约为 7 m,因此于当年 6 月封场。根据社会需求,经当地政府及相关部门研究决定,在丰县城北原生活垃圾填埋场已建工程项目北侧,征地约 100 亩,投资 3 500 万元,进行丰县无公害垃圾填埋场扩建工程,设计建设期 1 年,总库容为 84 万 m³,使用年限为 11 年(2010—2020 年)[27]。

（2）垃圾来源及防渗工艺

该垃圾填埋场主要收集丰县居民生活垃圾,生活垃圾的主要成分为厨余垃圾(72.03％)、纸类(4.97％)、玻璃(3.89％)、竹木(3.13％)、纺织品(4.21％)、塑料(5.67％)、金属(0.21％)和其他(15.89％)等。该填埋场采用 HDPE 膜＋压实土壤复合防渗层衬里结构,选用 600 g/m² 的长丝针刺无纺土工布作为 HDPE 土工膜的膜上保护层,采用压实黏土作为膜下的保护层。为防止地下水对防渗膜的顶托,在膜下设置环向导流盲沟和收集井,采用潜水泵抽排降水,控制地下水在允许高程,高出允许高程的地下水排入雨水系统。待垃圾填埋至一定高程即停止降水抽排,在主盲沟和副盲沟下分别设地下水收集主沟和支沟,两条主沟分别汇入库区外的集水井,再由水泵抽出排入环库截洪沟,最终排入白衣河。

（3）渗滤液产生及处置

该填埋场渗滤液产生量约为 100 m³/d,其收集系统由场底导流层、排水盲沟和集水井组成。渗滤液由主盲沟收集后排入集水井,集水井内污水由潜污泵提升后经污水压力管送入调节池,调节池有效容积为 15 000 m³。2011 年前渗滤液采取"预处理(厌氧＋缺氧＋好氧)＋输送至污水处理厂处理",2011 年根据相关规定自行处理达标后直接排放。

3.2.1.5　新沂市北马陵垃圾填埋场

(1)填埋场特征及使用现状

新沂市北马陵垃圾填埋场于 2008 年 10 月开工建设,2011 年 8 月开始投入试运行。该垃圾填埋场投资 7 800 万元,设计日处理生活垃圾能力为 400 t,采用卫生填埋处理工艺处理生活垃圾,总库容为 230 万 m³。该垃圾填埋场设计使用年限为 15～20 年[28]。

(2)垃圾来源及防渗工艺

该填埋场垃圾主要来自全市居民生活、办公、商业活动产生的日常生活垃圾,以及食品加工场部分食品加工垃圾。该区域黏土渗透系数为 $(1.85 \sim 7.65) \times 10^{-4}$ cm/s,考虑到填埋场场区属地下水贫乏区,黏土渗透系数也可满足做膜下保护层的要求,因此采用了单层衬里结构的水平防渗措施。在垃圾坝内侧面块石浆砌护坡的基础上,选用 1:2 水泥砂浆面层,厚为 5 cm,其上再铺设一层 500 g/m² 土工布保护层,然后铺设 2.0 mm HDPE 土工膜,膜上再铺设一层 500 g/m² 土工布保护层。

(3)渗滤液产生及处置

该填埋场垃圾渗滤液产生量为 120 m³/d。为了节省投资,调节池在设计时充分利用地形,通过修坡平底,设计为一个长方体,总容量为 15 000 m³。为了改善环境,调节池上覆一层 2.0 mm 厚的 HDPE 膜作为调节池盖,盖上设有重力压管、检修孔及减压阀等,盖下设置聚乙烯浮块及气体导排管等。池内设置潜污泵 2 台,将渗滤液提升至处理站,经处理站处理达标后排放。

3.2.2　非正规生活垃圾填埋场特征

3.2.2.1　翠屏山垃圾填埋场

(1)填埋工艺及现状

翠屏山垃圾填埋场始建于 2006 年,占地 4.67 hm²,位于徐州市云龙区翠屏山和青龙山之间,依山而建,原为采石场爆破取石后留下的废坑,废坑下层为裸露基岩,上层为山上红壤经雨水冲刷沉积形成的一层红色黏土层,在未采取任何人工防渗措施的基础上,作为徐州市区生活垃圾简易堆放场,直至 2008 年禁止使用。在此期间,堆放生活垃圾约为 60 万 m³,约合 40 万 t,填满后未进行封场导致对周围环境带来一定影响。应地方政府及相关政策要求,2011 年请专业公司对封场工程进行设计[29],花费大量人力、物力、财力对该垃圾填埋场进行封场,2018 年 8 月封场竣工完成。

（2）渗滤液产生及处置

由于该垃圾填埋场已停止使用多年,垃圾填埋量不多,且后期根据标准封场要求进行正规封场,大大减少了降水对渗滤液产生量的影响,结合丰、枯水期实地查看结果分析,该场垃圾渗滤液产生量较少,受降水影响较小;大部分垃圾渗滤液集中到收集池沉淀一定时间后直接外排进入污水管网,对地表水和地下水产生一定影响。

3.2.2.2 邳州生活垃圾堆场

（1）堆场特征及使用现状

邳州生活垃圾堆场始建于 1989 年,占地约 63.94 亩,原为砖厂的取土坑。21 世纪初,邳州市日产日清生活垃圾量约为 300 多吨,高峰期达 350 t,全部运送到该场堆置,且没有任何防渗、减缓二次污染措施。截至 2010 年,该场已堆置垃圾约 120 万 m^3,约合 80 万 t[30],超过该场容量,垃圾堆积如山,对周围环境产生一定的影响。虽根据相关规定禁止生活垃圾进场,但仍有少量生活垃圾进入。2014 年年底现场查看取样期间,当地政府花几百万元对该场地面上部分多年前堆积的垃圾进行筛分,未风化部分送相关垃圾处理场处置,已风化部分就地填埋,耗费大量人力物力,且该场区仍为当地污染周围土壤及地表、地下水体的一大风险源。

（2）垃圾来源及危害

该场垃圾主要来源于生活及工作环境,垃圾未经任何分选,成分复杂,除餐厨垃圾可在短期腐化溶解外,其他物质,如塑料、玻璃、金属、化工制品等,20～40 年甚至更长的年限都不能完全溶解分化,处在一种长期的物态的稳定状态,这些物质只要物态存在,其污染和对人类的潜在危害就一直存在,其溶解液对土质和水资源的危害浸蚀将是一个漫长的过程。

（3）渗滤液产生及处置

该场垃圾堆置高峰期渗滤液产生量约为 14 000 $m^3/年$,未经任何处理的垃圾渗滤液部分蒸发或下渗,部分沿地表沟壑进入路边沟,主要经附近农田灌溉渠进入彭河,污染地表水或地下水。

3.3 填埋场水文地质状况调查

3.3.1 岩溶地区垃圾填埋场水文地质状况

3.3.1.1 睢宁县生活垃圾填埋场

睢宁地处鲁南丘陵与苏北平原过渡带,四季分明,气候温和,属温带鲁淮季风区。年平均降雨量为 700～800 mm,最小为 434 mm,最大为 1 100 mm,降雨大都集中于夏季,一般在 6 月下旬后进入雨季,7 月降雨量最大,12 月降雨量最小。年平均气温为 14.1 ℃,最高气温为 42.1 ℃,最低气温为－18.3 ℃。大气年平均蒸发量为 1 529.0 mm,最大蒸发量为 1 958.2 mm,最小蒸发量为 1 313.9 mm。该地区地下水以降水补给为主。

根据徐州市岩溶发育图分析,该场地未见自第四纪以来活动断裂痕迹。上部第四系覆盖层厚度大于 50 m,下伏基岩为寒武系灰岩。该场区地层水平方向较为稳定,地貌类型单一,主要土层分布相对连续,厚度变化不大。结合睢宁县水利局提供的该地区综合水文地质状况资料(图 3-2),该填埋场位于岩溶地区,该地区深层地下水为碳酸盐岩裂隙溶洞水,埋深约为 50 m,单井涌水量小于 100 m³/d。

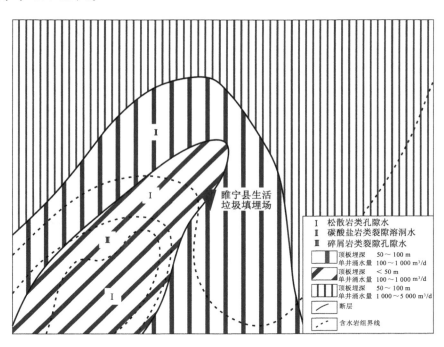

图 3-2　睢宁县生活垃圾填埋场水文地质图(1∶10 万)

根据该填埋场建设时岩土工程勘察测得该场地地下水初见水位埋深为 1.00～4.50 m,相应标高为 15.51～19.93 m;稳定水位埋深为 1.00～4.00 m,相应标高为 16.01～19.13 m。该场地地下水类型为潜水及弱承压水,主要赋存于层①、②A、④A 及层⑤粉土中,主要受大气降水及地表水补给。地下水位随季节变化幅度为 1.00 m 左右。常年稳定水位埋深约为 4.00 m。

3.3.1.2 翠屏山垃圾填埋场

根据徐州市水利局提供的该地区综合水文地质状况资料(图 3-3),翠屏山垃圾填埋场位于裸露型岩溶地区,该地区深层地下水为碳酸盐岩裂隙溶洞水,埋深小于 50 m,泉流量小于 10 L/s。该地区基岩裸露,以寒武系张夏组鲕状灰岩为主,夹豹皮状灰岩、泥质灰岩,岩溶裂隙发育良好。

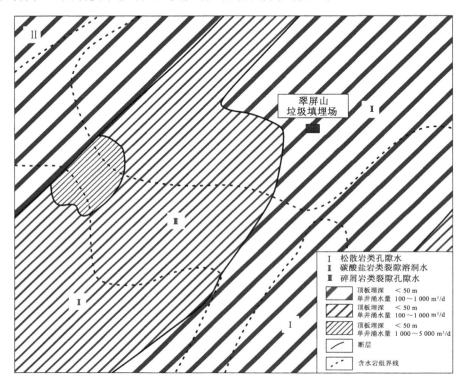

图 3-3 翠屏山垃圾填埋场水文地质图(1∶10 万)

3.3.1.3 邳州生活垃圾堆场

根据邳州市水利局提供的水文地质资料,该地区综合水文地质状况见图 3-4。由图 3-4 可以看出,邳州生活垃圾堆场位于岩溶地区,该地区深层地下水为碳酸盐岩裂隙溶洞水,埋深约为 50 m,单井涌水量约为 100～1 000 m³/d。

由《邳州垃圾处理厂岩土工程勘察报告》可知,根据岩土成分、成因时代、物理力学指标的差异,该地区勘察深度 30 m 范围内岩土体共划分为 10 层、2 个亚层,层①～层③为第四纪全新世沉积,层④以下为第四纪晚更新世沉积。

场地勘察深度范围内地下水类型主要为第四系孔隙水,主要赋存于粉土层和

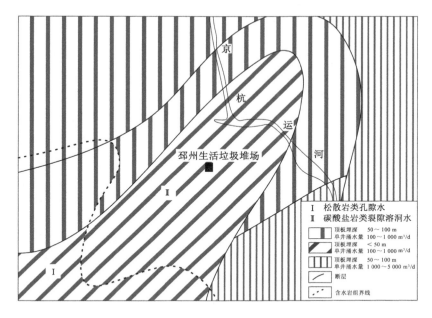

图 3-4　邳州生活垃圾堆场水文地质图(1∶10万)

砂层中,以大气降水入渗和附近河水补给为主要补给源,以人工开采、地面蒸发为主要排泄途径。勘察时测得地下水初见水位埋深为 1.50～1.70 m,平均为 1.58 m;相应标高为 20.99～21.27 m,平均为 21.13 m。地下水稳定水位埋深为 1.90～2.10 m,平均为 1.99 m;相应标高为 20.68～20.80 m,平均为 20.72 m。地下水位随季节变化而变化,年变化幅度约为 2.00 m。近几年最高水位埋深约为 0.50 m。

3.3.2　非岩溶地区垃圾填埋场水文地质状况

3.3.2.1　雁群生活垃圾填埋场

　　根据《2013 年江苏省徐州市地下水基础环境状况调查评估报告》可知,该场地附近区域盖层为第四系松散沉积层,其下伏基岩为石炭-二叠系的页岩、砂岩及泥岩夹薄煤层。该区第四系发育较为完整,厚度为 80～90 m。场地地下水类型主要为第四系松散岩类孔隙水和基岩裂隙水两大类,松散岩类孔隙水又可分为潜水和承压水。潜水主要赋存在全新统粉土、粉质黏土中,含水层厚度约为 12～14 m,富水性较差,单井涌水量为 10～100 m³/d,水质较好,水位年变幅为 1.0～1.5 m,水位埋深为 4.2～6.5 m,是当地居民的主要生活用水,地下水主要接受大气降水、沟渠等地表水入渗补给,消耗于蒸发和少量开采。承压水赋存在上更新统松散沉积物中,含水层岩性为粉土、粉砂、含钙质结核粉质黏土。基岩裂隙水含水层岩性为二叠系山西组、下石盒子组和上石盒子组砂岩、泥岩、页岩,富水性差,单井涌水量小于 10 m³/d,水化学类型属 $HCO_3 \cdot Cl$-$Ca \cdot Mg$ 型。

3.3.2.2 沛县生活垃圾填埋场

该地区岩层以太古代及震旦纪的岩浆岩、变质岩为主,由于受黄河冲积的影响形成冲积平原,地表为深厚的第四系沉积岩,平均厚度达 168.21 m。根据沛县水利局提供的水文地质资料,该区地下水为第四系松散岩类孔隙水,单井涌水量为 100～1 000 m³/d,且中-上更新统孔隙水氟离子含量多超过饮用水标准。据相关环评报告资料介绍,该场地内地下水来源以潜水为主,地下水总体由西南流向东北,埋深为 20～40 m。

3.3.2.3 丰县生活垃圾卫生填埋场

该填埋场所在地为复新河故道及漫滩区,为第四系全新统冲积层。

区域地下水流向为东北向西南流向。根据丰县水利局提供的水文地质资料,该区地下水为第四系松散岩类孔隙水,主要赋存于②、④、⑥土层中,单井涌水量为 1 000～2 000 m³/d,且中-上更新统孔隙水氟离子含量多超过饮用水标准。该地区地下水主要补给源为大气降水及河流越流补给,排泄为自然蒸发,其水位受大气降水及河水水位影响明显,据丰县水文站的监测资料,该地区历史最高水位为 40.00 m,最低水位为 34.22 m,常年平均水位为 38.50 m。

3.3.2.4 新沂市北马陵垃圾填埋场

根据该填埋场拟建时的地质勘察资料可知,该地区覆土为黄褐色和灰紫色 2 层黏土,含铁锰结核及少量粗砾砂,强度和韧性均较高,普遍分布,厚度为 0.70～1.60 m,均值为 0.95 m;层底标高为 44.79～48.48 m,均值为 46.43 m;层底埋深为 0.80～2.00 m,均值为 1.30 m。根据新沂市水利局提供的水文地质资料,该区地下水为覆盖型碎屑岩类裂隙孔隙水,顶板埋深小于 50 m,富水性较差,单井涌水量为 10～100 m³/d。

3.4 徐州地区生活垃圾填埋现状评价

对徐州地区多座垃圾填埋场进行调查研究分析,发现正规垃圾填埋场的共同特征为前期建设周期长、耗资大、防渗工艺复杂,但使用寿命短,且占地面积大,虽然建设、运营、封场及污染防治过程中耗费了大量人财物,但垃圾来源复杂(包括生活垃圾、建筑垃圾及部分工业垃圾),未经筛选直接填埋,浪费填埋空间并加重污染风险,无法实现卫生填埋减容及降低环境风险的目的,垃圾渗滤液仍为周围环境的一大风险源,对周围大气、土壤、地表水特别是地下水仍构成一定威胁。

非正规垃圾填埋场虽然前期建设过程中多利用原废弃取土坑或取石坑,未采取任何防渗、污水处理等环保措施,建设周期短、耗资小,但后期封场及污染治理仍需耗费大量人力财力,且作为一大风险源无法从根本上消除,对该区域周围环境特别是地下水及后期土地利用带来一定影响。

　　徐州地区岩溶面积大、分布广、地质条件复杂、作用强烈,溶沟、溶槽、溶孔发育,容易发生岩溶塌陷地质灾害[28]。调查研究发现,徐州岩溶地区现有 2 座简易和 1 座正规生活垃圾填埋场。由于岩溶地区岩石节理、裂隙、岩溶管道等较发育,地下水易受到污染并扩散,且地下水循环自净能力差,加大了垃圾填埋场对地下水污染的风险,因此,重点对徐州市岩溶地区简易及正规垃圾填埋场地下水进行跟踪监测研究分析,以期为徐州地区地下水调查提供科学依据。

第4章 岩溶地区垃圾填埋场金属污染物分析与评价

4.1 样品采集与测试

4.1.1 样品来源

4.1.1.1 采样地点

水样采自徐州岩溶地区不同填埋龄、不同填埋工艺垃圾填埋场[翠屏山垃圾填埋场(C)、邳州生活垃圾堆场(P)以及睢宁县生活垃圾填埋场(S)]的渗滤液及区域地下水。根据垃圾填埋现状及地下水流场,在翠屏山垃圾填埋场和邳州生活垃圾堆场内及附近上、下游分别选取3个地下水采样点(邳州生活垃圾堆场地下水监测点 P1 为垃圾堆场北侧村庄民井,P2 为垃圾堆场内下游监测井,P3 为垃圾堆场南侧村庄民井;翠屏山垃圾填埋场地下水监测点 C1 为垃圾渗滤液收集池西北侧居民点民井,C2 为垃圾渗滤液收集池南侧居民点民井,C3 为垃圾渗滤液收集池西侧居民点民井);在睢宁县生活垃圾填埋场内及附近选取 7 个地下水采样点(图 4-1)。并分别取当地 100 m 以上集中供水井做对照井采样点(C0,P0,S0),同时分别取垃圾渗滤液采样点 Cw、Pw 和 Sw。邳州生活垃圾堆场地下水主体流向为东北至西南,翠屏山垃圾填埋场地下水主体流向为由北向南,睢宁县生活垃圾填埋场地下水主体流向也是由北向南。采样点基本参数见表 4-1、表 4-2 和表 4-3。

4.1.1.2 采样时间

于 2015 年 1 月 15 日(枯水期)对翠屏山垃圾填埋场和邳州生活垃圾堆场垃圾渗滤液及区域地下水进行水样采集,并分别于 2014 年 6 月 17 日(平水期)、2014 年 9 月 8 日(丰水期)、2014 年 11 月 12 日(平水期)和 2015 年 1 月 14 日(枯水期),对睢宁县生活垃圾填埋场垃圾渗滤液及区域地下水进行 4 次水样采集。

4.1.1.3 采样过程

上述 3 个垃圾处置场地下水采样点基本为封闭的饮用水源井或监测井,饮

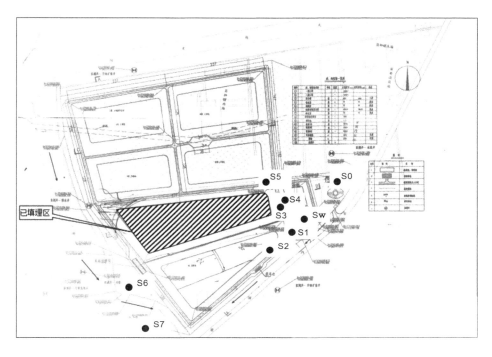

图 4-1　睢宁县生活垃圾填埋场采样点位

表 4-1　邳州生活垃圾堆场采样点基本参数

点位	井深/m	水位埋深/m	水位标高/m	水质类型
P0	100	6.0	25.0	承压地下水
P1	30	8.3	22.3	潜层地下水
P2	20～30	9.1	20.4	潜层地下水
P3	30～40	10.2	19.5	潜层地下水
Pw				污水

表 4-2　翠屏山垃圾填埋场采样点基本参数

点位	井深/m	水位埋深/m	水位标高/m	水质类型
C0	123	5.6	16.1	承压地下水
C1	30～40	7.2	15.0	潜层地下水
C2	40～50	8.3	12.5	潜层地下水
C3	40～50	9.1	11.2	潜层地下水
Cw				污水

表 4-3　睢宁县生活垃圾填埋场采样点基本参数

点位	坐标		井深/m	水位埋深/m	电导率/(μS/cm)
	北纬	东经			
S0	33°49′47.6″	117°54′45.1″	100.0		
S1	33°49′43.3″	117°54′39.4″	16.1	3.23	2 710
S2	33°49′42.6″	117°54′39.0″	16.6	3.11	3 500
S3	33°49′46.9″	117°54′36.9″	防渗层下 50 mm	10.00	917
S4	33°49′47.7″	117°54′37.1″	15.9	5.94	
S5	33°49′53.0″	117°54′17.2″	16.0	4.60	1 024
S6	33°49′33.7″	117°54′26.8″	17.0	3.12	842
S7	34°17′23.4″	116°58′22.5″	12.0	3.68	1 775
Sw	33°49′44.1″	117°54′41.1″			

用水源井采样前先将抽水管中存水放净,监测井抽水洗井半小时后,再用采样水荡洗水样容器 3 次;垃圾渗滤液采样前先将垃圾渗滤液抽水泵中存水放净,也用采样水荡洗水样容器 3 次。根据现有分析水平,主要分析部分无机污染物和有机污染物:无机污染物主要为重金属样品(主要用于重金属污染物分析),选用 500 mL 塑料桶;半挥发性有机样品选用 1 L 棕色硬质玻璃瓶(主要用于 SVOCs 污染物分析);挥发性有机样品选用 10 mL 标准 VOC 采样瓶(主要用于 VOCs 污染物分析)。SVOCs 和 VOCs 样品需灌满相应容器。

预处理前样品于 4 ℃冰箱中保存,所有样品于 48 h 内进行处理分析。

4.1.2　无机金属样品测试

4.1.2.1　测试仪器及方法

电感耦合等离子体质谱仪(ICP-MS7700,美国安捷伦公司)[5],RF 功率 1 550 W,采样深度 8 mm,雾化器温度 2.0 ℃,雾化器为同心雾化器,采样锥类型为镍锥;等离子气:氩气,纯度 99.999%,压力 0.7 MPa,流速 15 L/min;辅助气、载气:氩气,纯度 99.999%,压力 0.05 MPa,流速 1.0 L/min。根据《水质 65 种元素的测定 电感耦合等离子体质谱法》(HJ 700—2014)进行测定。由于该方法限制,汞根据《水质 汞的测定 冷原子荧光法(试行)》(HJ/T 341—2007)进行测定;六价铬根据《水质 总铬的测定》(GB 7466—1987)中的分光光度法进行测定。

4.1.2.2　实验试剂

ICP-MS 主要试剂为蒸馏水(屈臣氏);硝酸(优级纯);安捷伦公司配制的钠、镁、钾、钙、铁混合标准溶液(1 000 mg/L);铍、硼、铝、钛、锶、钒、铬、锰、钴、镍、铜、锌、砷、硒、锶、钼、银、镉、锑、钡、铊、铅混合标准溶液(100 mg/L);Li[6]、

Sc、Ge、Rh、In、Tb、Lu、Bi 混合内标溶液(200 mg/L);Li、Y、Ce、Tl、Co、Mg 混合质谱调谐液(1 μg/L)。

六价铬测定所用试剂主要为:硫酸(1+5)、氢氧化钠溶液、二苯碳酰二肼溶液、铬标准溶液及酚酞溶液等。

MA-800 型测汞仪所用试剂主要为:配制的 L-半胱氨酸溶液(10 mg/L)、用 10 mg/L L-半胱氨酸溶液配制的汞标准使用液(1 μg/L)、氯化亚锡溶液(100 g/L)、50%的硫酸溶液。

4.1.2.3　样品预处理

采集的水样通过 0.45 μm 滤膜过滤,弃去初始的 50 mL 溶液,收集所需体积的滤液,用 HNO_3 将滤液调至 pH 值小于 2。

4.1.2.4　样品分析

ICP-MS 在真空度等参数达到要求时通过氦气吹扫、氩气维护后等离子体点火,用调谐液调整仪器灵敏度、氧化物(156/140≤2%)、双电荷(70/140≤3.0%)、分辨率(10%峰高所对应的峰宽在 0.6~0.8 amu 范围内),各项指标达到测定要求后,进行试剂空白、标准系列及样品溶液分析,样品通过雾化器雾化后经矩管变成等离子体后,通过锥依次进入四极杆、八极杆校准后进入检测器检测信号,然后根据离子的含量与信号值呈正比进行数据处理。

测汞仪在室温下通入空气或氮气,将金属汞气化,载入冷原子汞分析仪,于 253.7 nm 波长处测定响应值,然后根据汞的含量与响应值呈正比进行数据处理。样品测定过程中进行试剂空白、标准系列及样品溶液分析,且平行样及加标样为样品数的 10%。

4.1.2.5　质量控制

经样品 ICP-MS 分析 26 种金属的检出限和标准曲线相关系数统计见表 4-4。由表 4-4 可以看出 26 种元素检出限均相对较低。

表 4-4　ICP-MS 所测元素的相关质控数据统计

元素	检出限 /(μg/L)	R^2	内标 RSD/%	加标回收率/%	元素	检出限 /(μg/L)	R^2	内标 RSD/%	加标回收率/%
砷	0.04	0.999 8	1.68	99	铊	0.004	0.999 8	1.05	98
硒	0.20	0.999 7	1.62	94	钛	0.10	0.999 5	0.71	102
镉	0.01	0.999 8	1.12	93	锶	0.01	0.999 8	0.89	101
铬	0.50	0.999 6	0.72	98	钒	0.01	0.999 5	1.56	105
银	0.05	0.999 7	1.12	92	锰	0.05	0.999 3	0.20	97

表 4-4(续)

元素	检出限 /(μg/L)	R^2	内标 RSD/%	加标回收率/%	元素	检出限 /(μg/L)	R^2	内标 RSD/%	加标回收率/%
铅	0.02	0.999 8	1.42	91	铁	0.08	0.999 5	0.91	93
钼	0.01	0.999 6	1.00	99	铜	0.50	0.999 7	1.20	96
钴	0.01	0.999 8	1.48	92	锌	1.00	0.999 5	1.01	98
铍	0.03	0.999 9	1.31	97	铝	2.00	0.999 8	1.45	97
钡	0.04	0.999 9	1.64	96	钠*	5.00	0.999 1	0.53	94
镍	0.30	0.999 3	1.52	101	镁*	2.00	0.999 4	0.58	99
锑	0.01	0.999 7	1.60	93	钾*	6.00	0.999 5	0.83	102
硼	2.00	0.999 6	1.66	92	钙*	2.00	0.999 2	0.73	95

注：*代表检出限单位为 mg/L。下同。

汞的方法检出限为 0.02 μg/L，测定下限为 0.08 μg/L；六价铬的方法检出限为 4.00 μg/L。ICP-MS、测汞仪及分光光度仪标准曲线的相关系数 R^2 均大于0.999，内标相对标准偏差 RSD 均小于2.00%，加标回收率均在80%～120%要求范围内，分析结果精密度、准确度、加标回收率等均满足相关质控要求。

4.2　垃圾渗滤液金属污染分析与评价

4.2.1　不同填埋龄渗滤液重金属含量对比分析

根据 ICP-MS、测汞仪及分光光度仪对垃圾渗滤液 28 种金属元素的检测结果，结合垃圾主要成分，通过搜集整理该 28 种元素对人体的影响进行分类，分有毒有害元素及有用元素，具体内容见表 4-5。

表 4-5　垃圾渗滤液中 28 种元素对人体影响及来源

分类	名称	对人体影响	垃圾中相关来源
有毒有害元素	汞	汞是一种剧毒非必需元素，并可以在生物体内累积，易被皮肤以及呼吸道和消化道吸收。水俣病是汞中毒的一种	塑料、电池、电子制品等废弃物
	砷	砷化合物均有毒性，三价砷比五价砷毒性大，有机砷化合物大多有毒，可致流产或不孕，诱发皮肤癌	废旧蓄电池栅板、防腐剂、涂料、染料、壁纸、药品等
	铊	剧毒，毒性大于铅和汞的毒性，可导致急性中毒或慢性中毒，发生肝、肾损害，可致命	废半导体材料、光学玻璃、灭鼠药、特效杀虫剂、合金等

表 4-5(续)

分类	名称	对人体影响	垃圾中相关来源
有毒有害元素	镉	镉及其化合物均有一定的毒性,对肾脏损害最为明显,还可导致骨质疏松和软化。骨痛病是镉中毒的一种	废颜料、荧光粉、塑料稳定剂、油漆等
	总铬	铬的毒性与其存在的价态有极大的关系,三价铬对人体几乎不产生有害作用,而六价铬的毒性较大	不锈钢制品、皮革鞣制(三价铬鞣剂)、印染废弃物
	六价铬	六价铬的毒性比三价铬的大 100 倍左右,可破坏人体的血液,为常见的可能致癌物质	废铬渣
	铅	铅及其化合物对人体有毒,可能引发癌症,摄取后主要储存在骨骼内,部分取代磷酸钙中的钙,是一种累积性毒物	废合金制品、电缆、蓄电池、颜料、化妆品等
	钴	钴有毒,常以水合氧化钴、碳酸钴的形式存在,钴的毒性作用临界浓度为 0.5 mg/L	废黏结剂、陶瓷、玻璃、油漆、颜料、搪瓷等
	铍	铍的氯化铍、硝酸铍等毒性较大,是全身性毒物,从人体组织中排泄速度极慢,可引起脏器或组织的病变而致癌	航空等领域新兴材料
	镍	致敏性金属,毒性较小,但镍超标可以导致肺癌的发生,羰基镍能产生很大的毒性	镍镉电池、电镀品、陶瓷制品、绿色玻璃等废弃物
	锑	吸入及吞食有毒有害,为致癌物,世界卫生组织规定,水中锑含量和日摄入量应小于 0.86 $\mu g/kg$	废弃 PET 瓶、含阻燃剂的服装、玩具和汽车座套、电视屏幕、颜料等
	铝	铝元素能损害人的脑细胞,毒性作用缓慢累积且不易察觉,然而,一旦发生代谢紊乱的毒性反应,则后果非常严重	废交换器、散热材料、铝合金材料、铝箔、涂料等
	钼	钼是 7 种重要微量营养元素之一,过量食入也会加速人体动脉壁中弹性物质缩醛磷脂氧化,诱发全身性动脉硬化	废钼合金材料和药品等
	钡	钡对人类来说不是必需元素,钡盐会被水和胃酸溶解,导致中毒甚至死亡	废钡合金材料、药品、杀虫剂等
有用元素	银	无毒,可以用于试毒	无
	钛	钛具有"亲生物"性,在人体内能抵抗分泌物的腐蚀且无毒,对任何杀菌方法都适应	钛合金、农产食品、运动用品、珠宝及手机等废弃物
	钒	人体对钒的正常需要量为 100 $\mu g/d$,可能有助于防止胆固醇蓄积、降低过高的血糖、防止龋齿、帮助制造红血球等	颜料、彩色玻璃、装饰品等废弃物
	硒	硒是人体必需的微量元素,15 种营养元素之一,缺硒是心肌病、冠心病、高血压、糖尿病等高发的重要因素	玻璃、陶瓷、电子制品、饲料等废弃物

表 4-5(续)

分类	名称	对人体影响	垃圾中相关来源
有用元素	锰	锰是人体必需的微量元素之一,通常摄入量为每天 2～5 mg,吸收率为 5%～10%,锰中毒通常只限于从事采矿和精炼矿石工作的人	餐厨垃圾、废锰铁合金、催化剂等
	铁	铁也是人体必不可少的元素之一,是血红蛋白的重要部分,但体内铁储存过多与多种疾病如心脏病、肝病、糖尿病有关	餐厨垃圾、动植物残体、废铁合金等
	铜	铜是人体必需的元素,人体缺铜会引起骨和动脉异常,以至脑障碍,但铜过剩会引起肝硬化、腹泻、呕吐等	来源较少
	锌	锌有帮助生长发育、智力发育、提高免疫力的作用,但过多可使体内的维生素 C 和铁的含量减少,抑制铁的吸收和利用	废镀锌材料、锌锰电池及蓄电池、药品、橡胶、油漆等
	硼	硼元素是生命基础构件核糖核酸形成的必需品,但过量有害,美国规定生活用水中硼的最大容许浓度为 1 mg/L	搪瓷、陶瓷、玻璃等
	锶	锶元素广泛存在于矿泉水中,是一种人体必需的微量元素,具有防止动脉硬化、防止血栓形成的功能	餐厨垃圾、动物骨骼等
	钾	钾可以调节细胞内的渗透压适宜和体液的酸碱平衡,参与细胞内糖和蛋白质的代谢	餐厨垃圾及动植物残体等
	钠	钠是人体中一种重要的无机元素,但钠摄入量高时,会相应减少钙的重吸收,而增加尿钙排泄	餐厨垃圾及动植物残体等
	钙	钙是人类骨、齿的主要无机成分,也是神经传递、肌肉收缩、血液凝结、激素释放和乳汁分泌等所必需的元素	餐厨垃圾、动物骨骼等
	镁	镁是人体细胞内的主要阳离子,是一种参与生物体正常生命活动及新陈代谢过程必不可少的元素	合金、烟火、闪光粉、油漆涂料、药品等废弃物

徐州岩溶地区分别代表不同场龄的翠屏山垃圾填埋场(老)、邳州生活垃圾堆场(新老混合)和睢宁县生活垃圾填埋场(新)渗滤液 2015 年枯水期检测结果见表 4-6 和表 4-7。

由表 4-6、表 4-7 可以看出,3 个垃圾处置场渗滤液中 Ba、Mn、B、Sr、K、Na 含量均相对较高,结合表 4-5 垃圾中相关来源分析餐厨垃圾对渗滤液中 K、Na、Mn、Sr 来源贡献最大,玻璃废弃物对 B 来源贡献最大,药品及金属制品对 Ba 来源贡献最大。对 3 座垃圾处置场渗滤液中有毒有害金属元素进行对比分析发现,除 Ba 外,老填埋场(翠屏山垃圾填埋场)渗滤液中有毒有害金属元素含量均

表 4-6　3 个垃圾处置场渗滤液有毒有害金属含量检测结果（2015 年枯水期）

单位：μg/L

测点	汞(Hg)	砷(As)	铊(Tl)	镉(Cd)	铬(Cr)	六价铬(Cr⁶⁺)	铅(Pb)	钴(Co)	铍(Be)	镍(Ni)	锑(Sb)	铝(Al)	钼(Mo)	钡(Ba)
						元	素							
Cw	0.023	2.96	0.051	0.031	nd	nd	0.232	2.69	nd	3.292	1.05	13.2	7.84	144
Pw	0.321	10.10	0.594	0.424	60	nd	12.100	21.00	nd	199.000	181.00	379.0	18.60	133
Sw	0.037	179.00	0.658	1.103	327	nd	6.520	49.20	0.821	153.000	11.20	313.0	16.70	382
标准限值	1	50	0.1	5	50	—	50	1 000	2	20	5	70	70	700

注：nd 代表未检出；标准限值参照《地表水环境质量标准》（GB 3838—2002）中地表水Ⅲ类标准值。"—"代表该标准中没有相应标准限值。下同。

表 4-7　3 个垃圾处置场渗滤液有用元素含量检测结果（2015 年枯水期）

单位：μg/L

测点	银(Ag)	钛(Ti)	钒(V)	硒(Se)	锰(Mn)	铁(Fe)	铜(Cu)	锌(Zn)	硼(B)	锶(Sr)	钾*(K)	钠*(Na)	钙*(Ca)	镁*(Mg)
						元	素							
Cw	nd	0.998	5.98	0.848	432	33.20	4.73	52.5	226	969	30.1	25.7	33.9	20.2
Pw	0.099	161.000	41.00	0.655	161	2.11	15.10	50.8	4 925	944	1 367.0	1 714.0	24.2	171.0
Sw	nd	263.000	91.70	14.300	430	1 289.00	22.90	129.0	3 328	1 906	1 038.0	1 366.0	41.4	238.0
标准限值	—	100	50	—	100	300	1 000	1 000	—	—	—	—	—	—

远低于新填埋场(睢宁县生活垃圾填埋场)及新老混合填埋场(邳州生活垃圾堆场)渗滤液中相应含量,表明除垃圾源影响外,垃圾填埋场金属污染物含量随场龄增加而降低[31]。

根据表 4-6 和表 4-7,对 3 座垃圾处置场 28 种无机元素含量进行对比分析发现:翠屏山垃圾填埋场渗滤液中 Mn 含量最高,并不随填埋龄增加而减少,说明主要来自餐厨垃圾的污染物 Mn 的释放是一个长期过程。邳州生活垃圾堆场渗滤液典型污染物为 Pb、Ni、Sb、Al、Mo、V,结合表 4-5 分析 Pb、Ni 主要源自垃圾中的废旧蓄电池,Sb、V 主要源自废弃的颜料制品,Al、Mo 主要源自废弃的合金制品。睢宁县生活垃圾填埋场渗滤液典型有毒有害污染物为 As、Cr、Co、Ba,结合表 4-5 分析 As、Cr 主要源自工业颜料及皮革鞣制等废弃物,Co 主要源自废弃的玻璃、搪瓷制品等,Ba 主要源自药品及杀虫剂等废弃物;睢宁县生活垃圾填埋场渗滤液中 Ti、Se、Zn、Mg、Fe、Sr 等元素含量也相对较高,Ti 主要源自废弃的合金及运动制品,Se 主要源自废弃的电子制品及饲料,Zn 主要源自橡胶废弃物,Mg 主要源自废弃的油漆制品,Fe、Sr 主要源自餐厨垃圾。不同垃圾处置场渗滤液中污染物含量差异主要源于垃圾成分不同,具有明显的时代特征。

4.2.2 垃圾填埋场渗滤液典型污染物筛选

从表 4-6 和表 4-7 可以看出,As、Tl、Cr、Ni、Sb、Ti、Fe、Mn 等金属污染物含量超出《地表水环境质量标准》(GB 3838—2002)中地表水Ⅲ类水标准限值,最高超标倍数分别为 3.6 倍、6.6 倍、6.5 倍、10.0 倍、36.2 倍、2.6 倍、4.3 倍、4.3 倍;不同填埋龄垃圾填埋场渗滤液中 K、Na、Ca、Mg 4 种碱(土)金属元素含量均相对较高,对环境有一定的污染风险。重金属元素一般能够在土壤中富集,其污染过程是一个缓慢累积的过程,往往容易被忽视,但是,当富集达到一定浓度后,将会对环境、植物和生物产生不可逆的影响,同时,有毒有害金属元素还会随着地下水的流动而发生运移,对周边水体、土壤造成污染,最终通过饮水、食物链等进入人体内并在人体蓄积,危害人类健康。因此,本书选择了 K、Na、Ca、Mg 等 4 种碱(土)金属元素和 As、Tl、Cr、Ni、Sb、Ti、Fe、Mn、Pb、Cd、Cu、Zn 等 12 种重金属元素作为目标金属污染物,研究不同金属污染物在土层中的运移规律。

4.2.3 典型填埋场渗滤液污染物季节变化规律分析

根据 2014—2015 年上半年睢宁地区降雨量(表 4-8),结合该地区多年降雨量分布情况,对采样期进行划分,2014 年 6 月为平水期,9 月为丰水期,11 月为平水期,2015 年 1 月为枯水期。结合睢宁县生活垃圾填埋场多次渗滤液检测结果(表 4-9)进行综合分析:Cr^{6+} 和 Ag 在 4 个时期均未检出,Hg 只在枯水期少量检出,除 Mo、Be、Tl、Cu、Na 外,其他 20 种元素丰水期渗滤液含量均低于枯水期和平水期渗滤液含量,说明降雨对渗滤液污染物稀释作用明显;对时间间隔较长的平水期和枯水期对比分析认为,渗滤液中 As、Se、Ba、B、Ti、V、Mn、Al、Mg、K 元素在这 2 个时期含量变化率均小于 20%,含量相对较稳定;枯水期 Mo、Co、Sb、Fe、Cu、Zn 含量相对较高,说明降雨对垃圾中该类污染物含量影响较大。

表 4-8　2014—2015 年上半年睢宁地区降雨量　　　　单位:mm

月份	2014 年	2015 年
1	8.7	5.9
2	18.6	23.0
3	31.6	18.2
4	73.3	60.3
5	68.5	36.6
6	58.7	
7	125.6	
8	187.3	
9	270.0	
10	84.8	
11	54.4	
12	1.2	

表 4-9　睢宁县生活垃圾填埋场渗滤液中 28 种元素分析结果汇总

单位:μg/L

编号	元素	日　　期			
		2014 年 6 月 (平水期)	2014 年 9 月 (丰水期)	2014 年 11 月 (平水期)	2015 年 1 月 (枯水期)
1	汞	nd	nd	nd	0.037
2	砷	198.0	27.1	236.0	179.0
3	硒	16.30	1.71	16.50	14.30
4	镉	0.204	0.030	0.030	1.103
5	六价铬	nd	nd	nd	nd
6	总铬	270	131	262	327
7	铅	9.620	0.348	13.000	6.520
8	钼	nd	2.98	7.82	16.71

表 4-9(续)

编号	元素	日 期			
		2014 年 6 月 (平水期)	2014 年 9 月 (丰水期)	2014 年 11 月 (平水期)	2015 年 1 月 (枯水期)
9	钴	28.50	6.55	23.90	49.20
10	铍	nd	1.290	2.890	0.821
11	钡	364.0	32.4	217.0	382.0
12	镍	132.0	55.9	94.4	153.0
13	锑	7.92	2.35	8.47	11.20
14	硼	3 011	304	2 103	3 328
15	银	nd	nd	nd	nd
16	铊	nd	1.260	0.370	0.658
17	钛	254.0	26.7	211.0	263.0
18	锶	813	646	1 593	1 906
19	钒	97.2	11.7	65.4	91.7
20	锰	409	42	392	430
21	铁	808	471	451	1 289
22	铜	nd	0.808	1.640	22.870
23	锌	16.62	4.84	24.90	129.00
24	铝	379.0	40.5	285.0	313.0
25	钠*	2 266	2 101	1 430	1 366
26	镁*	234.0	24.1	174.0	238.0
27	钾*	956	114	890	1 038
28	钙*	210.0	15.2	40.4	41.4

4.3 垃圾填埋场地下水金属污染调查与评价

4.3.1 不同垃圾填埋场地下水特征污染物研究

2015 年 1 月,3 个填埋场地下水中 28 种元素含量见表 4-10 和表 4-11。由表可见,Cd、Cr^{6+}、Be、Ag、Ti、Cu、Al 在邳州生活垃圾堆场 4 个地下水测点均未检出,除上述 7 种元素外,60% 以上元素含量最高点 P_{max} 为 P2 点,且 P2 点位于垃圾填埋场内,因此选取该点作为邳州生活垃圾堆场地下水污染最大测点;翠屏

表 4-10 3个垃圾填埋场地下水有毒有害金属含量检测结果（2015 年 1 月）

单位：μg/L

测点	汞	砷	铊	镉	铬	六价铬	铅	钴	铍	镍	锑	铝	钼	钡
								元	素					
C_{max}	nd	0.103	0.083	nd	nd	nd	0.021	0.565	nd	2.423	0.037	nd	0.182	44.4
P_{max}	0.302	0.729	0.005	nd	0.513	nd	0.028	0.080	nd	0.362	0.019	nd	0.561	206.0
S_{max}	1.26	8.84	0.004	0.038	0.732	nd	0.210	0.927	0.017	6.890	0.157	116	2.550	187.0
标准限值	1	10	0.1	5	—	50	10	—	2	20	5	200	70	700

注：标准限值为《生活饮用水卫生标准》中相应限值。下同。

表 4-11 3个垃圾填埋场地下水有用元素含量检测结果（2015 年 1 月）

单位：μg/L

测点	银	钛	钒	硒	锰	铁	铜	锌	硼	锶	钾*	钠*	钙*	镁*
								元	素					
C_{max}	nd	nd	0.435	0.525	202	5.82	2.19	nd	64.8	887	6.370	45.8	19.1	10.4
P_{max}	nd	nd	0.649	0.472	204	2.20	nd	1.73	45.6	879	0.431	44.1	27.1	26.4
S_{max}	nd	1.90	2.580	0.383	510	179.00	5.75	27.20	127.0	1 323	2.630	48.1	16.8	41.7
标准限值	50	—	—	10	100	300	1 000	1 000	500	—	—	—	—	—

山垃圾填埋场地下水检测结果中,Hg、Cd、Cr、Cr^{6+}、Be、Ag、Al、Ti、Zn 在该区 4 个地下水测点均未检出,除上述 9 种元素外,50％以上元素含量最高点 C_{max} 为 C2 点,且 C2 点离该垃圾填埋场最近,因此选取该点作为翠屏山垃圾填埋场地下水污染最大测点;睢宁县生活垃圾填埋场地下水检测结果表明,除 Cr^{6+}、Ag 在各个测点均未检出外,50％以上元素含量最高点为 S5 点,且该点为该场卫生改造后与新填埋区域距离最近测点,因此选取该点作为该场地下水污染最大测点。

由表 4-10 和表 4-11 可以看出,Cr^{6+}、Ag 在 3 个垃圾场地下水中均未检出,除 Tl、Se、K 在翠屏山垃圾填埋场地下水中含量最高,Ba、Ca 在邳州生活垃圾堆场地下水中含量最高外,其他 21 种元素均在睢宁县生活垃圾填埋场地下水中含量最高,且 Mn 含量超过《生活饮用水卫生标准》中相应限值 4 倍多,Hg 含量是标准值的 1 倍多,As 含量接近限值。结合 3 个垃圾场场地周围特征(基本无其他大污染源),睢宁县生活垃圾填埋场和邳州生活垃圾堆场填埋量为 120 万 m^3,翠屏山垃圾填埋场填埋量为该量的 1/2,且睢宁县生活垃圾填埋场采用严格的卫生防渗技术,分析认为垃圾场周围地下水中污染物含量主要与垃圾量及渗滤液中污染物含量有关,人工防渗膜对部分金属污染物的防渗效果并不明显。

4.3.2 不同填埋场地下水典型污染物筛选

根据 3 个填埋场渗滤液及地下水污染浓度最大测点检测分析结果,利用地下水中污染物最大质量浓度在对应垃圾渗滤液中占比 R 筛选不同填埋场特征污染物,为进一步分析垃圾填埋场污染物对当地地下水影响及其迁移演化规律服务。

建立公式:

$$R = \rho(i)_{N_{max}} / \rho(i)_{N_w}$$

式中 R ——最大质量浓度比,％;

  i ——污染元素;

  ρ ——质量浓度;

  N_{max} ——地下水污染浓度最大测点;

  N_w ——同时期对应渗滤液测点。

根据上式,利用表 4-6、表 4-7 及表 4-10、表 4-11 检测数据计算邳州生活垃圾堆场地下水 28 种元素 R 值,$R > 2％$ 的 13 种元素及其占比见图 4-2。由图 4-2 可以看出,邳州生活垃圾堆场地下水中 Ba 最大质量浓度比最大,地下水中含量是渗滤液中相应含量的 1.55 倍;地下水中 Mn 含量是渗滤液中含量的 1.27 倍;地下水中 Ca 含量是渗滤液中含量的 1.12 倍;地下水中 Fe 含量是渗滤液中含量的

1.04 倍；地下水中 Hg 含量是渗滤液中含量的 94％；余下的有毒有害元素中 As 最大质量浓度比（7.2％）最大。

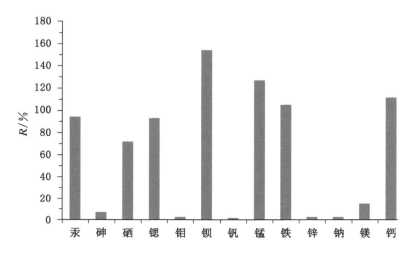

图 4-2 邵州生活垃圾堆场地下水污染物最大质量浓度比

计算翠屏山垃圾填埋场地下水 28 种元素 R 值，R≥2％的 19 种元素及其占比见图 4-3。由图 4-3 可以看出，翠屏山垃圾填埋场地下水中 Na 含量为对应渗滤液含量的 1.78 倍；Tl 含量为对应渗滤液含量的 1.63 倍；其他 R＞30％的元素为 Sr（92％）、Ni（74％）、Se（62％）、Ca（56％）、Mg（51％）、Mn（47％）、Cu（46％）、Ba（31％）；余下的有毒有害元素中 Co 最大质量浓度比（21％）最大。

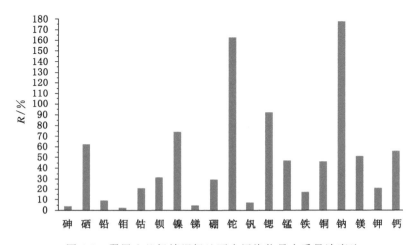

图 4-3 翠屏山垃圾填埋场地下水污染物最大质量浓度比

对比分析表 4-6、表 4-7 和表 4-10、表 4-11 可以看出，睢宁县生活垃圾填埋场污染物浓度最大测点地下水中 Hg 含量远大于对应渗滤液中该污染物含量，地下水中 Hg 含量是对应渗滤液中含量的 30 多倍，地下水中 Mn 含量约是对应渗滤液中含量的 1.20 倍，Cr^{6+}、Ag 在该场地地下水和渗滤液中均未检出，其他 24 种元素最大质量浓度比见图 4-4。由图 4-4 可以看出，睢宁县生活垃圾填埋场 $R > 30\%$ 的元素为 Sr（69%）、Ba（49%）、Ca（41%）、Al（37%）；余下的有毒有害元素中 Mo 最大质量浓度比（15%）最大，As（5.0%）次之。

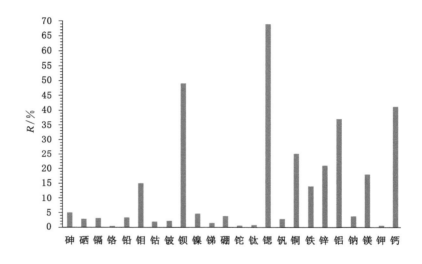

图 4-4　睢宁县生活垃圾填埋场地下水污染物最大质量浓度比

根据 3 个垃圾填埋场地下水中 28 种元素最大质量浓度比分析，结合表 4-5 中相关元素对人体有毒有害作用及垃圾来源进行筛选，结果发现 3 个垃圾填埋场共同典型有毒有害金属污染物为 Ba；邳州生活垃圾堆场典型有毒有害金属污染物为 As；翠屏山垃圾填埋场典型有毒有害金属污染物为 Tl 和 Co；睢宁县生活垃圾填埋场典型重金属污染物为 Hg、Mo 和 As；对人体有用元素 Mn 的 R（邳州）$> R$（睢宁）$> R$（翠屏山）。

4.3.3　典型填埋场地下水金属污染物时空变化规律

4.3.3.1　典型填埋场地下水金属污染物季节变化规律

根据 3 个填埋场地下水特征污染物研究结果，选定睢宁县生活垃圾填埋场为典型垃圾填埋场进行研究。根据 2014 年 6 月（平水期）、2014 年 9 月（丰水期)、2015 年 1 月(枯水期)地下水金属污染物检测数据(表 4-12)进行地下水污染物季节变化规律分析。

表 4-12　睢宁县生活垃圾填埋场地下水 28 种元素分析结果汇总

单位:$\mu g/L$

编号	元素	日期			备注
		2014 年 6 月(平水期)	2014 年 9 月(丰水期)	2015 年 1 月(枯水期)	
1	汞	nd	nd	1.26	I 类
2	铊	nd	nd	0.004	
3	镉	nd	nd	0.048	
4	铬	nd	nd	0.732	
5	铅	nd	nd	0.210	
6	钒	nd	nd	2.58	
7	锌	nd	nd	27.2	
8	铍	nd	nd	0.017	
9	六价铬	nd	nd	nd	II 类
10	钴	nd	0.125	0.927	
11	镍	nd	0.728	6.890	
12	锰	nd	125	510	
13	铁	nd	10.8	2 979.0	
14	铜	nd	0.656	5.750	
15	钡	73.2	126.0	187.0	
16	铝	28.500	0.258	116.000	III 类
17	钛	0.954	nd	1.900	
18	锶	769	565	1 323	
19	钾*	1.75	1.75	2.63	
20	砷	13.80	6.94	8.84	IV 类
21	硼	131.0	92.1	127.0	
22	硒	2.920	nd	0.383	
23	锑	0.778	0.036	0.157	

表 4-12(续)

编号	元素	日期			备注
		2014 年 6 月（平水期）	2014 年 9 月（丰水期）	2015 年 1 月（枯水期）	
24	钼	2.99	3.80	2.55	
25	钠*	62.5	74.6	48.1	
26	镁*	42.7	42.7	41.7	Ⅴ类
27	钙*	29.6	87.8	16.6	
28	银	nd	0.027	nd	
29	pH 值	7.33	6.93	7.64	

由表 4-12 可知，除 Cr^{6+} 在 3 个时期均未检出外，余下 27 种元素划分为 5 类，Hg、Tl、Cd 等Ⅰ类污染物在平水期、丰水期地下水中均未检出，在枯水期地下水中含量不高，结合表 4-5 分析认为，该类污染物季节分布主要与渗滤液中该类元素质量浓度及强包气带吸附作用有关。Co、Ni、Mn 等Ⅱ类污染物除 Ba 外在平水期均未检出，且丰水期质量浓度远小于枯水期质量浓度，分析认为该类污染物季节分布规律主要与渗滤液量、包气带吸附饱和量及 pH 值的大小有关，由于丰水期降水量较大，导致渗滤液量随之增多，同时由于 pH 值降低，包气带对该类元素吸附饱和后随降水继续向下迁移污染地下水，因此丰水期地下水中该类污染物被检出。Al、Ti、Sr 等Ⅲ类污染物季节变化规律明显，在地下水中含量与降水量呈负相关关系，丰水期含量最低，平水期含量次之，枯水期含量最高，说明该类污染物受降水稀释作用明显。As、B、Se 等Ⅳ类污染物在平水期地下水中含量最高，在丰水期含量最低，说明该类污染物受渗滤液中相应污染物含量、降水量及包气带吸附多重因素交互影响。Mo、Na、Mg 等Ⅴ类污染物丰水期含量最高，枯水期含量最低，说明该类污染物污染源相对较稳定或可能受地下水相应溶出影响。

4.3.3.2 典型填埋场地下水金属污染物空间变化规律

根据 2014 年 11 月睢宁县生活垃圾填埋场地下水 28 种元素检测结果，除 Cr^{6+}、Be、Ag 3 种元素在 7 个地下水测点均未检出外，余下 25 种元素检测结果见表 4-13。

由表 4-13 可以看出，背景测点地下水中 25 种元素含量均小于监测点相应元素含量；结合图 4-1 分析，同其他测点相比较，离该垃圾填埋场改造前填埋区

表 4-13 睢宁县生活垃圾填埋场地下水金属污染物检测结果(2014 年 11 月)

单位:μg/L

编号	元素	S0	S1	S2	S3	S4	S5	S6	S7
1	汞	0.068	0.051	2.180	0.036	nd	2.250	0.020	0.016
2	砷	nd	2.100	1.700	3.620	1.120	11.800	0.433	0.707
3	硒	0.459	0.335	0.829	0.262	0.661	0.278	0.287	0.255
4	镉	nd	nd	nd	0.001	nd	0.001	nd	0.017
5	总铬	nd	0.068	0.166	0.291	0.299	0.079	0.111	0.103
6	铅	nd	0.017	0.037	0.030	0.003	0.021	0.006	0.005
7	钼	nd	0.494	0.793	0.556	1.190	2.488	0.396	2.080
8	钴	nd	0.174	0.250	0.472	0.014	0.468	0.013	0.609
9	钡	61.2	178.0	563.0	103.0	110.0	138.0	104.0	188.0
10	镍	nd	0.296	1.100	0.484	0.239	0.608	0.050	1.030
11	锑	0.157	0.166	0.164	0.112	0.263	0.103	0.134	0.304
12	硼	44.10	224.00	336.00	nd	7.43	61.10	38.80	76.40
13	铊	nd	0.004	0.006	0.004	0.006	0.005	0.004	0.005
14	钛	0.172	0.184	0.179	0.235	0.146	0.081	0.227	0.151
15	锶	639	822	2 677	610	699	1 163	659	1 555
16	钒	nd	0.884	0.420	0.552	1.720	0.116	0.921	2.060
17	锰	2.560	583.000	296.000	586.000	1.230	437.000	0.467	920.000
18	铁	nd	7.09	9.19	108.00	1.97	79.70	5.50	5.25
19	铜	0.116	nd	0.480	0.043	nd	0.255	nd	0.588

表 4-13（续）

编号	元素	S0	S1	S2	S3	S4	S5	S6	S7
20	锌	nd	0.939	0.176	0.715	nd	0.082	nd	5.610
21	铝	0.188	10.600	9.950	5.480	5.540	0.312	11.600	3.520
22	钠*	56.6	88.1	496.0	49.5	41.6	49.3	43.0	47.4
23	镁*	29.5	28.2	87.9	22.2	29.9	42.5	22.2	64.2
24	钾*	1.040	0.975	31.100	2.080	1.380	1.090	1.210	18.700
25	钙*	16.6	27.5	59.1	16.8	14.2	16.8	16.7	34.1

较近的 S2 测点地下水中 Se、Pb、Ba、Ni、B、Tl、Sr、Na、Mg、K、Ca 11 种元素含量最高;地下水抽水处 S3 测点地下水中 Fe、Ti 含量最高,除渗滤液影响外可能和抽水管道材料有关;离渗滤液收集池较近的 S4 测点地下水中 Cr 含量最高;离改造后填埋区较近的 S5 测点地下水中 Hg、As、Mo 3 种元素含量最高;离垃圾填埋区较远的 S6 测点地下水中 Al 含量最高;离白堂河较近的 S7 测点地下水中 Cd、Co、Sb、V、Mn、Cu、Zn 7 种元素含量最高。

除背景测点外的 7 个测点中 S6 测点地下水中 50% 以上元素污染浓度较低,可能与该测点离污染源相对较远且含水层相对较深有关;地下水抽水处 S3 测点地下水中除 Fe、Ti 含量最高外,As、Cr、Mn 等含量均相对较高,应该与垃圾渗滤液污染有关。

4.4 本章小结

(1)垃圾填埋场渗滤液中大部分污染物含量随填埋场年龄增加而降低;Mn、Fe、Sr 主要源自餐厨垃圾,老垃圾填埋场渗滤液中 Mn 含量较高,新垃圾填埋场渗滤液中 Fe 含量较高,说明餐厨垃圾污染物 Mn 的释放是一个长期过程;不同垃圾渗滤液中金属污染物含量差异主要源于垃圾成分不同,具有明显的时代特征。

(2)垃圾渗滤液中 As、Tl、Cr、Ni、Sb、Ti、Fe、Mn 等金属污染物含量超出《地表水环境质量标准》(GB 3838—2002)中地表水Ⅲ类水标准限值,最高超标倍数分别为 3.6 倍、6.6 倍、6.5 倍、10.0 倍、36.2 倍、2.6 倍、4.3 倍、4.3 倍;不同填埋龄垃圾填埋场渗滤液中 K、Na、Ca、Mg 4 种碱(土)金属元素含量均相对较高,且除 Tl、Na 外,其他金属元素季节变化规律明显,主要受降水稀释的影响,丰水期含量远小于枯水期和平水期含量,枯水期和平水期含量变化较小,污染源较稳定,对环境具有一定的污染风险。选定上述金属元素作为目标金属污染物,研究不同金属污染物在土层中的运移规律。

(3)睢宁、邳州、翠屏山 3 个填埋场地下水金属污染物浓度最大点检测结果表明,28 种元素中除 Mn、Hg 超标外,其他元素在地下水中的含量均远小于标准限值,80% 以上的元素在睢宁县生活垃圾填埋场地下水中含量最高,可见垃圾填埋场地下水中污染物含量并不随填埋龄的增加而增加,主要与垃圾量及渗滤液污染物含量有关,人工防渗膜对部分金属污染物的防渗效果并不明显。

(4)根据地下水中污染物浓度在对应垃圾渗滤液中占比 R 大小,并结合相关元素对人体有毒有害作用及垃圾来源进行筛选,发现 3 个垃圾填埋场共同典型有毒有害金属污染物为 Ba;邳州生活垃圾堆场典型有毒有害金属污染物为 As;翠屏山垃圾填埋场典型有毒有害金属污染物为 Tl 和 Co;睢宁县生活垃圾填埋场典型重金属污染物为 Hg、Mo 和 As;对人体有用元素 Mn 的 R(邳州)>R(睢宁)>R(翠屏山)。

（5）睢宁县生活垃圾填埋场地下水中除 Cr^{6+} 外 27 种污染物季节变化规律不尽相同,划分为 5 类:Hg、Tl、Cd 等 I 类污染物在平水期、丰水期地下水中均未检出,在枯水期地下水中含量不高,主要与渗滤液中该类元素质量浓度及强包气带吸附作用有关;Co、Ni、Mn 等 II 类污染物除 Ba 外在平水期均未检出,且在丰水期质量浓度远小于在枯水期质量浓度,主要与渗滤液量、包气带吸附饱和量及 pH 值的大小有关,由于丰水期降水量较大,导致渗滤液量随之增多,同时由于 pH 值降低,该类元素被包气带吸附饱和后随降水继续向下迁移污染地下水,因此丰水期地下水中该类污染物被检出;Al、Ti、Sr 等 III 类污染物季节变化规律明显,在地下水中含量与降水量呈负相关关系,丰水期含量最低,平水期含量次之,枯水期含量最高,该类污染物受降水稀释作用明显;As、B、Se 等 IV 类污染物在平水期地下水中含量最高,在丰水期含量最低,主要受渗滤液中相应污染物含量、降水量及包气带吸附多重因素交互影响;Mo、Na、Mg 等 V 类污染物在丰水期含量最高,在枯水期含量最低,说明该类污染物污染源相对较稳定或可能受地下水相应溶出影响。睢宁县生活垃圾填埋场 90％以上监测点地下水中 90％以上元素含量均高于背景测点地下水中的含量,但不同监测点地下水中污染浓度最高的金属元素不同。

第5章 垃圾填埋场有机污染物分析与评价

5.1 样品采集与测试

5.1.1 样品采集

睢宁和翠屏山垃圾填埋场样品采集时间、地点及过程见 4.1.1 样品来源中有机样品采集部分,并于 2015 年 1 月同期对雁群生活垃圾填埋场渗滤液收集池的渗滤液和场内 5 个地下水监测井的地下水进行有机样品采集。

5.1.2 有机样品测试

5.1.2.1 试剂和材料

除非另有说明,分析时所使用溶剂均为符合国家标准的色谱纯溶剂:NaCl,优级纯,在 350 ℃下加热 6 h;无水硫酸钠,优级纯,在 400 ℃下加热 6 h;实验用水来自 ELGA 自动纯水装置(18.2 MΩ·cm)。所用玻璃器皿在实验前均使用甲醇超声清洗,之后用纯水反复冲洗、晾干。

54 种挥发性有机物标准品,200 μg/L(甲醇溶剂),货号 CDGG-120023-02-1ml,百灵威公司;24 种半挥发性有机物标准品,500 μg/L(甲醇溶剂),货号 S-17408B,百灵威公司。

5.1.2.2 测试仪器及方法、条件

水质挥发性有机物根据《水质 挥发性有机物的测定 吹扫捕集/气相色谱-质谱法》(HJ 639—2012)测定。仪器型号:Agilent7890B-5977C,美国 Agilent 公司生产;吹扫温度:室温;吹扫流速:40 mL/min;吹扫时间:11 min;干吹时间:1 min;预脱附温度:180 ℃;脱附温度:190 ℃;脱附时间:2 min;烘烤温度:200 ℃;烘烤时间:6 min;进样口温度:220 ℃;进样方式:分流进样(分流比 30∶1);程序升温:35 ℃保持 2 min,以 5 ℃/min 升至 120 ℃,保持 0 min,以 10 ℃/min 升至 220 ℃,保持 2 min;载气(He)流速:1.0 mL/min;离子源:EI 源;离子源温度:230 ℃;离子化能量:70 eV;扫描方式:全扫描或者选择离子扫描;扫描范围(m/z):45～270 amu;溶

剂延迟:2.0 min;电子倍增管电压:与调谐电压一致;接口温度:280 ℃。

水质半挥发性有机物根据气相色谱-质谱法[《水和废水监测分析方法》(第四版)4.3.2]测定。仪器型号:Agilent7890A-5975C 气质联用仪,配 EI 源,带 7693 自动进样器、分流/不分流进样口、AgilentDB-5MS(30 m× 250 m × 0.25 m)毛细柱;进样口温度:240 ℃;程序升温:50 ℃保持4 min,以 8 ℃/min 升至 110 ℃,保持 2 min,以 10 ℃/min 升至 240 ℃,保持 4 min;传输杆温度:280 ℃;载气(He)流速:1.2 mL/min;进样量:2 μL;进样方式:不分流进样;离子源温度:230 ℃;四级杆温度:150 ℃;扫描方式:全扫描(Scan);扫描离子范围(m/z):50～450 amu;电子能量:70 eV;溶剂延迟:6 min。

定量浓缩仪型号:Buchi Snycore,瑞士 Buchi 公司生产;水样过滤处理装置:真空泵和过滤装置;水相滤膜:孔径为 0.45 μm;一般实验室常用仪器。

5.1.2.3 样品的预处理方法

样品的预处理方法为净化与富集,主要包括过滤、液液萃取以及浓缩 3 个步骤。

(1)过滤:取 500 mL 水样,用 0.45 μm 水相滤膜过滤以彻底去除水样中的悬浮颗粒,使用真空泵抽滤以加快过滤速度。

(2)样品在进行 54 种 VOCs 测定时,需准确量取 5 mL 水样到顶空进样瓶中待分析。

(3)液液萃取(SVOCs):将 500 mL 水样加入 1 L 分液漏斗中,加入 30 mL 二氯甲烷,振摇 3～5 min,并周期性释放气体压力,静置 10 min,使有机相分层。对于比较脏的水,乳化现象严重,需要用机械手段完成两相分离,实验主要用搅动方法完成破乳。将二氯甲烷收集在三角瓶中,水样中再加入 30 mL 二氯甲烷,重复上述液液萃取过程,将二次的二氯甲烷合并到三角瓶中,全部的二氯甲烷过少量的无水硫酸钠,收集到氮吹瓶中,使用定量浓缩仪 Buchi Snycore 将 60 mL 洗脱液定容到 1 mL,以达到进一步富集的目的,待 GC-MS 分析。

5.1.2.4 分析步骤

(1)仪器性能检查

在每天分析之前,GC-MS 系统必须进行仪器性能检查:吸取 2 μL 的 4-溴氟苯(BFB)溶液通过 GC 进样口直接进样,用 GC-MS 进行分析。GC-MS 系统得到的 BFB 关键离子丰度应满足表 5-1 中规定的标准,否则需对质谱仪的参数进行调整或者清洗离子源。

表 5-1　4-溴氟苯离子丰度标准

表 5-1　4-溴氟苯离子丰度标准

质荷比	离子丰度标准	质荷比	离子丰度标准
95	基峰,100%相对丰度	175	质量 174 的 5%～9%
96	质量 95 的 5%～9%	176	质量 174 的 95%～105%
173	小于质量 174 的 2%	177	质量 176 的 5%～10%
174	大于质量 95 的 50%		

在分析之前,GC-MS 系统必须以 DFTPP 标准品进行仪器性能检查,要求仪器参数为:电子能力为 70 eV,质量范围为 35～450 amu,扫描时间为每个峰至少有 5 次扫描,但每次扫描不超过 1 s,得到背景校正的 PFTBA 质谱调谐液调谐质谱后,确认所有关键质量数是否能达到表 5-2 的要求。

表 5-2　PFTBA 离子丰度标准

质荷比	离子丰度标准	质荷比	离子丰度标准
69	基峰,100%相对丰度	70	质量 69 的 0.15%～1.6%
219	大于质量 69 的 40%	220	质量 219 的 3.2%～5.4%
502	大于质量 69 的 2%	503	质量 502 的 8%～12%
28、32	小于质量 69 的 10%	18	小于质量 69 的 20%

（2）仪器校准

在样品瓶中,分别配制 54 种挥发性有机物浓度为 0、2 $\mu g/L$、4 $\mu g/L$、10 $\mu g/L$、20 $\mu g/L$、40 $\mu g/L$ 的 VOCs 标准溶液,分别在每个样品瓶中加入固定浓度的内标物氚代对二氯苯,使其浓度为 20 $\mu g/L$;24 种半挥发性有机物浓度为 0、100 $\mu g/L$、500 $\mu g/L$、1 000 $\mu g/L$、2 000 $\mu g/L$ 的 SVOCs 标准溶液,分别在每个样品瓶中加入固定浓度的内标物氚代硝基苯,使其浓度为 200 $\mu g/L$。进气相色谱-串联质谱仪进行检测。以待测物的峰面积为纵坐标,以其相应的浓度为横坐标,绘制校准曲线。

（3）样品测定

将样品分别置于 10 mL 样品瓶中测定 VOCs 浓度和 2 mL 样品瓶中测定 SVOCs 浓度,在设定仪器条件下,用气相色谱-串联质谱仪进行检测。进样量为 1 μL。

该仪器方法中 VOCs、SVOCs 化合物及其内标物定量离子和辅助离子分别见表 5-3 和表 5-4,由表可见,该仪器方法具有灵敏、分离度好、精密度高等优点,能够满足本研究涉及的样品的检测要求。

表 5-3　VOCs 及其内标物定量离子及辅助离子

序号	化合物	定量离子	辅助（定性）离子	序号	化合物	定量离子	辅助（定性）离子
1	1,1-二氯乙烷	96	61,63	28	乙苯	91	106
2	二氯甲烷	84	86,49	29	间、对二甲苯	106	91
3	反-1,2-二氯乙烯	96	61,98	30	邻二甲苯	106	91
4	1,1-二氯乙烯	63	65,83	31	溴仿	173	175,254
5	顺-1,2-二氯乙烯	96	61,98	32	异丙苯	105	120
6	2,2-二氯丙烷	77	41,97	33	4-溴氟苯	95	174,176
7	溴氯甲烷	128	49,130	34	1,1,2,2-四氯乙烷	83	131,85
8	氯仿	83	85,47	35	溴苯	156	77,158
9	1,1,1-三氯乙烷	97	99,61	36	1,2,3-三氯丙烷	75	110,77
10	四氯化碳	117	119,121	37	正丙苯	91	120
11	苯	78	77,51	38	2-氯甲苯	91	126
12	1,2-二氯乙烷	62	64,98	39	1,3,5-三甲基苯	105	120
13	氟苯	96	77	40	4-氯甲苯	91	126
14	三氯乙烯	95	130,132	41	叔丁基苯	119	91,134
15	1,2-二氯丙烷	63	41,112	42	1,2,4-三甲基苯	105	120
16	二溴甲烷	93	95,174	43	仲丁基苯	105	134
17	一溴二氯甲烷	83	85,127	44	1,3-二氯苯	146	111,148
18	顺-1,3-二氯丙烯	75	39,77	45	4-异丙基甲苯	119	134,91
19	甲苯	91	92	46	1,4-二氯苯	146	111,148
20	反-1,3-二氯丙烯	75	39,77	47	1,4-二氯苯-d4	146	111,148
21	1,1,2-三氯乙烷	83	97,85	48	正丁基苯	91	92,134
22	四氯乙烯	166	168,129	49	1,2-二氯苯	146	111,148
23	1,3-二氯丙烷	76	41,78	50	1,2-二溴-3-氯丙烷	157	75,155
24	二溴氯甲烷	129	127,131	51	1,2,4-三氯苯	180	182,145
25	1,2-二溴乙烷	107	109,188	52	六氯丁二烯	225	223,227
26	氯苯	112	77,144	53	萘	128	—
27	1,1,1,2-四氯乙烷	131	133,119	54	1,2,3-三氯苯	180	182,145

垃圾填埋场地下水金属和有机污染特征及监控预警技术

表 5-4　SVOCs 及其内标物定量离子及辅助离子

序号	化合物	定量离子	辅助(参考)离子
1	苯胺	93	66,65
2	硝基苯	82	128
3	硝基苯-d5	82	128
4	1,3,5-三氯苯	180	182
5	2,4-二氯苯酚	162	164
6	1,2,4-三氯苯	180	182
7	1,2,3-三氯苯	180	182
8	间硝基氯苯	111	157
9	对硝基氯苯	111	157
10	邻硝基氯苯	111	157
11	1,2,3,5-四氯苯	216	214
12	1,2,4,5-四氯苯	216	214
13	2,4,6-三氯苯酚	196	198
14	1,2,3,4-四氯苯	216	214
15	对二硝基甲苯	168	75
16	间二硝基甲苯	168	76
17	邻二硝基甲苯	168	63
18	2,4-二硝基甲苯	165	89
19	2,4-二硝基氯苯	202	110
20	2,4,6-三硝基甲苯	210	180
21	六氯苯	284	286
22	五氯苯酚	266	268
23	邻苯二甲酸二丁酯	149	165
24	邻苯二甲酸二乙基己基酯	149	167
25	苯并[a]芘	252	207

5.1.2.5　结果计算

（1）定性分析

方法中测定的各化合物的定性鉴定是根据保留时间和扣除背景后的样品质谱图与参考质谱图中的特征离子比较完成的。参考质谱图中的特征离子被定义为最大相对强度的 3 个离子,或者任何相对强度超过 30％的离子。

（2）定量分析

定量方法为内标法。标准曲线为至少五点校正,在 SIM 监测方式下,以标准溶液中目标化合物的峰面积比对目标化合物浓度作图,得到该目标化合物的定量校准曲线。校准曲线的线性回归系数至少为 0.990 0。样品溶液在与标准溶液相同的分析条件下测定,根据样品溶液中目标物与内标物的峰面积比,由定量校准曲线得到该化合物的浓度。水样中该化合物的浓度计算公式如下：

$$样品中浓度(\mu g/L)=\frac{测定浓度(\mu g/mL)\times 萃取液体积(mL)}{水样体积(L)} \tag{5-1}$$

5.1.2.6　质量控制

（1）加标回收率

配制 VOCs 和 SVOCs 浓度分别为 20 $\mu g/L$、500 $\mu g/L$ 的标准溶液,测定其浓度,按下式计算加标回收率：

$$加标回收率=测定值/实际加标浓度\times 100\% \tag{5-2}$$

（2）方法的检出限（LOD）

方法的检出限即某方法可检测的最低浓度。

先确定仪器的检出限（按信噪比为 3 确定仪器的检出限）,然后配制浓度为仪器检出限浓度 3～5 倍的样品,重复测定 7 次,计算 7 次数据的标准偏差 δ。按下式计算方法的检出限：

$$LOD=3.14\delta \tag{5-3}$$

（3）相对标准偏差（RSD）

分别配制 VOCs 浓度为 3 $\mu g/L$、5 $\mu g/L$、8 $\mu g/L$ 和 SVOCs 浓度为 300 $\mu g/L$、500 $\mu g/L$、800 $\mu g/L$ 的标准溶液,平行测定 6 次,计算相对标准偏差 RSD。

VOCs 结果见表 5-5。仪器的线性范围为 10～100 $\mu g/L$,相关系数可达 0.994 以上,检出限低至 0.1 $\mu g/L$。在 3 $\mu g/L$ 加标水平下相对标准偏差小于 9.1％,5 $\mu g/L$ 加标水平下相对标准偏差小于 13.1％,8 $\mu g/L$ 加标水平下相对标准偏差小于 6.2％。SVOCs 结果见表 5-6。仪器的线性范围为 100～2 000 $\mu g/L$,相关系数可达 0.990 以上,检出限低至 1.6 $\mu g/L$。在 300 $\mu g/L$ 加标水平下相对标准偏差小于 9.9％,500 $\mu g/L$ 加标水平下相对标准偏差小于 9.8％,800 $\mu g/L$ 加标水平下相对标准偏差小于 8.1％。

表 5-5　方法的加标回收率、线性范围、检出限和相对标准偏差（VOCs）

序号	目标物	加标回收率（20 μg/L）/%	线性范围/(μg/L)	相关系数	检出限/(μg/L)	相对标准偏差（n=6）/%		
						3 μg/L	5 μg/L	8 μg/L
1	1,1-二氯乙烷	86	10～100	0.999 1	0.1	3.1	1.2	2.1
2	二氯甲烷	95	10～100	0.999 3	0.2	6.1	1.5	2.3
3	反-1,2-二氯乙烯	87	10～100	0.999 2	0.1	2.1	6.2	2.6
4	1,1-二氯乙烷	96	10～100	0.999 4	0.2	3.1	5.5	2.1
5	顺-1,2-二氯乙烯	89	10～100	0.999 0	0.3	2.1	3.1	2.1
6	2,2-二氯丙烷	87	10～100	0.999 6	0.1	3.1	5.1	1.2
7	溴氯甲烷	95	10～100	0.999 5	0.5	5.3	5.1	1.5
8	氯仿	91	10～100	0.999 4	0.1	6.1	4.1	1.5
9	1,1,1-三氯乙烷	98	10～100	0.999 2	0.1	3.2	6.1	1.6
10	四氯化碳	75	10～100	0.995 0	0.1	5.3	2.1	1.5
11	苯	86	10～100	0.998 9	0.2	2.3	2.1	1.4
12	1,2-二氯乙烷	89	10～100	0.995 3	0.1	6.2	3.1	1.3
13	氟苯	82	10～100	0.992 4	0.3	4.2	3.5	5.6
14	三氯乙烯	94	10～100	0.999 8	0.2	5.2	5.1	1.2
15	1,2-二氯丙烷	92	10～100	0.999 5	0.2	3.4	4.1	1.6
16	二溴甲烷	93	10～100	0.999 3	0.6	9.1	2.1	2.5
17	一溴二氯甲烷	86	10～100	0.999 1	0.1	3.4	6.1	4.6
18	顺-1,3-二氯丙烯	95	10～100	0.998 9	0.2	2.4	5.1	2.1
19	甲苯	89	10～100	0.996 8	0.1	2.5	4.1	2.4
20	反-1,3-二氯丙烷	96	10～100	0.999 5	0.2	6.2	2.1	2.1
21	1,1,2-三氯乙烷	95	10～100	0.999 3	0.2	3.2	1.0	2.5
22	四氯乙烯	96	10～100	0.998 7	0.1	6.4	5.1	1.6
23	1,3-二氯丙烷	92	10～100	0.999 6	0.3	5.1	8.1	1.9
24	二溴氯甲烷	91	10～100	0.999 1	0.1	3.6	5.1	1.8
25	1,2-二溴乙烷	97	10～100	0.999 2	0.5	3.8	2.0	1.5
26	氯苯	86	10～100	0.999 8	0.1	3.4	2.1	1.6
27	1,1,1,2-四氯乙烷	89	10～100	0.998 7	0.2	3.5	5.1	1.5
28	乙苯	95	10～100	0.998 4	0.3	2.6	5.1	1.3
29	间、对二甲苯	94	10～100	0.999 5	0.1	2.5	2.1	0.8
30	邻二甲苯	97	10～100	0.999 2	0.2	3.6	4.2	6.2

表 5-5(续)

序号	目标物	加标回收率（20 μg/L）/%	线性范围/(μg/L)	相关系数	检出限/(μg/L)	相对标准偏差(n=6)/%		
						3 μg/L	5 μg/L	8 μg/L
31	溴仿	96	10～100	0.999 8	0.1	5.1	5.1	1.5
32	异丙苯	91	10～100	0.999 2	0.2	3.1	2.1	2.1
33	4-溴氟苯	86	10～100	0.999 1	0.1	2.4	6.1	3.5
34	1,1,2,2-四氯乙烷	84	10～100	0.999 2	0.2	5.1	2.1	2.1
35	溴苯	87	10～100	0.999 6	0.2	6.1	3.1	2.1
36	1,2,3-三氯丙烷	85	10～100	0.999 4	0.1	8.1	5.1	5.1
37	正丙苯	82	10～100	0.999 3	0.1	6.5	4.3	4.1
38	2-氯甲苯	95	10～100	0.999 4	0.5	5.1	6.1	2.1
39	1,3,5-三甲基苯	96	10～100	0.999 7	0.4	6.1	5.1	1.1
40	4-氯甲苯	97	10～100	0.999 2	0.1	4.2	1.2	6.1
41	叔丁基苯	83	10～100	0.999 6	0.2	6.1	5.1	5.1
42	1,2,4-三甲基苯	94	10～100	0.999 1	0.3	9.1	2.0	2.1
43	仲丁基苯	86	10～100	0.999 4	0.1	5.1	3.1	4.1
44	1,3-二氯苯	84	10～100	0.999 2	0.4	3.1	2.1	5.1
45	4-异丙基甲苯	82	10～100	0.999 7	0.2	4.6	6.1	3.1
46	1,4-二氯苯	87	10～100	0.999 2	0.2	2.6	4.0	2.1
47	1,4-二氯苯-d4	96	10～100	0.998 5	0.2	6.5	5.0	6.1
48	正丁基苯	85	10～100	0.995 2	0.1	3.2	13.1	4.1
49	1,2-二氯苯	96	10～100	0.998 6	0.2	5.3	2.1	2.1
50	1,2-二溴-3-氯丙烷	92	10～100	0.999 7	0.2	4.2	3.1	5.1
51	1,2,4-三氯苯	91	10～100	0.999 1	0.2	2.5	2.1	5.1
52	六氯丁二烯	97	10～100	0.998 7	0.1	3.2	2.1	5.1
53	萘	90	10～100	0.993 8	0.2	3.5	5.0	4.1
54	1,2,3-三氯苯	92	10～100	0.999 7	0.2	2.5	2.1	4.1

表 5-6　方法的加标回收率、线性范围、检出限和相对标准偏差（SVOCs）

序号	目标物	加标回收率（500 μg/L）/%	线性范围/(μg/L)	相关系数	检出限/(μg/L)	相对标准偏差(n=6)/%		
						300 μg/L	500 μg/L	800 μg/L
1	苯胺	62	100～2 000	0.990 1	4.8	8.5	5.6	6.8
2	对硝基氯苯	75	100～2 000	0.990 7	1.6	7.6	6.8	7.1

表 5-6(续)

序号	目标物	加标回收率 (500 μg/L)/%	线性范围 /(μg/L)	相关系数	检出限 /(μg/L)	相对标准偏差($n=6$)/%		
						300 μg/L	500 μg/L	800 μg/L
3	2,4-二硝基氯苯	62	100~2 000	0.990 6	2.3	8.4	6.9	2.9
4	邻苯二甲酸二乙基己基酯	114	100~2 000	0.990 2	5.6	8.4	7.1	4.1
5	邻苯二甲酸二丁酯	105	100~2 000	0.990 5	5.6	7.9	5.9	4.1
6	六氯苯	88	100~2 000	0.992 5	4.8	9.2	5.7	6.4
7	1,3,5-三氯苯	95	100~2 000	0.990 1	7.2	8.1	5.4	5.1
8	1,2,3,4-四氯苯	83	100~2 000	0.991 4	3.2	5.1	6.8	5.0
9	五氯苯酚	95	100~2 000	0.995 6	4.8	8.4	9.7	4.5
10	苯并[a]芘	59	100~2 000	0.998 6	12.0	8.6	8.4	4.9
11	2,4-二氯苯酚	62	100~2 000	0.998 7	4.8	9.1	9.8	6.0
12	间二硝基甲苯	69	100~2 000	0.996 5	6.4	8.6	4.8	8.1
13	邻二硝基甲苯	78	100~2 000	0.997 5	7.2	9.4	5.9	5.1
14	1,2,3-三氯苯	86	100~2 000	0.999 1	6.4	8.7	6.8	6.1
15	2,4,6-三氯苯酚	89	100~2 000	0.999 1	5.6	9.5	7.1	4.2
16	1,2,3,5-四氯苯	78	100~2 000	0.999 2	6.4	9.9	5.9	3.5
17	硝基苯、硝基苯-d5	84	100~2 000	0.998 6	5.6	5.8	6.4	6.4
18	对二硝基甲苯	86	100~2 000	0.998 7	6.4	6.9	3.8	5.1
19	2,4-二硝基甲苯	89	100~2 000	0.998 1	4.8	7.4	9.1	3.4
20	间硝基氯苯	95	100~2 000	0.999 5	7.2	8.6	5.7	4.2
21	邻硝基氯苯	94	100~2 000	0.999 6	3.2	5.9	8.6	4.6
22	1,2,4-三氯苯	86	100~2 000	0.995 2	4.0	8.6	5.8	3.8
23	2,4,6-三硝基甲苯	95	100~2 000	0.999 1	3.2	5.9	6.5	4.1
24	1,2,4,5-四氯苯	94	100~2 000	0.999 7	6.4	8.6	4.8	6.1

5.2 垃圾渗滤液有机污染分析与评价

5.2.1 不同填埋场渗滤液 VOCs、SVOCs 结果分析

5.2.1.1 睢宁县生活垃圾填埋场渗滤液有机污染分析

根据睢宁县生活垃圾填埋场(S)使用年限,该填埋场渗滤液代表新垃圾渗滤

液。2015 年 1 月该填埋场渗滤液调查分析结果见表 5-7,从中可以看出:睢宁县生活垃圾填埋场渗滤液共检出有机物 48 种,其中:VOCs 35 种,可以定量的组分有 12 种,分别为二氯甲烷(15.07 μg/L),三氯甲烷(8.07 μg/L),苯(4.73 μg/L),甲苯(2 102 μg/L),乙苯(2.53 μg/L),对、间二甲苯(1.76 μg/L),邻二甲苯(0.97 μg/L),1,2,4-三甲基苯(0.02 μg/L),对二氯苯(0.02 μg/L),3,3,5-三甲基环己醇(0.005 μg/L),1,2-二氯苯(0.40 μg/L),萘(12.3 μg/L),浓度较高的组分为二氯甲烷、三氯甲烷、苯系物(包括苯、甲苯、乙苯、二甲苯)等;共检出 SVOCs 13 种,从组分看,半挥发性有机物种类主要是酚类和酯类物质,此外还有醇、醚、酮等,可以定量的组分有 3 种,分别为苯胺(40.0 μg/L)、邻苯二甲酸二正丁酯(33.4 μg/L)和邻苯二甲酸二乙基己基酯(170.4 μg/L),其中邻苯二甲酸二乙基己基酯浓度较高,这是因为生活垃圾中难以被降解的大部分是塑料或者类塑料制品,而邻苯二甲酸二乙基己基酯是聚氯乙烯最常用的增塑剂,可使制品具有良好的柔软性,但挥发性和水抽出性较大,因而经过填埋后挥发和水抽出便产生了大量的酯类污染物。

表 5-7　睢宁县生活垃圾填埋场渗滤液 VOCs、SVOCs 组分及含量 单位:μg/L

序号	检出化合物	浓度	序号	检出化合物	浓度	序号	检出化合物	浓度
1	甲硫醇	nd	17	邻二甲苯	0.97	33	对甲基甲硫基苯	nd
2	二氧化硫	nd	18	环己硫醇	nd	34	萘	12.3
3	二甲氧基甲烷	nd	19	壬二烯醛	nd	35	甲基萘	nd
4	二氯甲烷	15.07	20	1,2,4-三甲基苯	0.02	36	苯胺	40.0
5	甘氨酸	nd	21	对二氯苯	0.02	37	3-甲基苯酚	nd
6	二硫化碳	nd	22	4-异丙基甲苯	nd	38	3-甲基丁苯	nd
7	1-正丙硫醇	nd	23	桉叶油素	nd	39	3-乙基苯酚	nd
8	三氯甲烷	8.07	24	3,3,5-三甲基环己醇	0.005	40	4-丙基苯酚	nd
9	2-正丁硫醇	nd	25	1,2-二氯苯	0.40	41	3-硝基酰苯胺	nd
10	苯	4.73	26	3,3,5-三甲基环己酮	nd	42	甲磺酰基甲苯	nd
11	三乙胺	nd	27	甲基苯硫醇	nd	43	邻苯二甲酸二异丁酯	nd
12	甲基异丁基酮	nd	28	四甲苯	nd	44	邻苯二甲酸二正丁酯	33.4
13	甲苯	2 102	29	樟脑(2-茨酮)	nd	45	对甲基二硫醚	nd
14	乙酸丁酯	nd	30	甲基异丙基苯	nd	46	双酚 A	nd
15	乙苯	2.53	31	薄荷醇	nd	47	邻苯二甲酸二乙基己基酯	170.4
16	对、间二甲苯	1.76	32	邻甲基甲硫基苯	nd	48	16-三十一酮	nd

5.2.1.2　雁群生活垃圾填埋场渗滤液有机污染分析

徐州市雁群生活垃圾填埋场（Y）是徐州市新建的首座垃圾卫生填埋场,和睢宁县生活垃圾填埋场一样,经正规设计且具有二级防渗。根据使用年限不同,该垃圾填埋场渗滤液代表新老混合垃圾渗滤液。2015 年 1 月该填埋场渗滤液调查分析结果见表 5-8。

表 5-8　雁群生活垃圾填埋场 VOCs、SVOCs 组分及含量　　　单位:μg/L

序号	检出化合物	浓度	序号	检出化合物	浓度	序号	检出化合物	浓度
1	二甲氧基甲烷	nd	19	1,3-二氯苯	3	37	薄荷醇	nd
2	二硫化碳	nd	20	1,2-二氯苯	3	38	2,3-二甲基苯酚	nd
3	甘氨酸	nd	21	3,3,5-三甲基环己酮	nd	39	对甲基甲硫基苯	nd
4	乙醛甲腙	nd	22	正丁苯	nd	40	9-十七酮	nd
5	顺-1,2-二氯乙烯	nd	23	甲基异丙烯基环己酮	nd	41	4-丙基酚	nd
6	三氯甲烷	2	24	四甲基苯	nd	42	1,2,3,5-四氯苯	6
7	苯	15	25	樟脑	nd	43	2,4,6-三氯苯酚	3
8	三乙胺	nd	26	萘	5	44	2,4,6-三硝基甲苯	52
9	二氯甲烷	28	27	甲基萘(多种)	nd	45	2,3,5-三甲基苯酚	nd
10	甲苯	24	28	三甲基硅醇	nd	46	五氯酚	43
11	氯苯	3	29	三甲代甲硅烷基乙醇	nd	47	异丁基酚	nd
12	乙苯	5	30	3-甲基丁酮	nd	48	邻苯二甲酸二异丁酯	8
13	对、间二甲苯	9	31	3-甲基庚酮	nd	49	邻苯二甲酸二正丁酯	10
14	邻二甲苯	14	32	L-莽酮	nd	50	双酚 A	nd
15	对甲基乙苯	nd	33	苯酚	38	51	邻苯二甲酸二乙基己基酯	100
16	4-异丙基甲苯	nd	34	苯胺	10	52	亚磷酸三乙酯	nd
17	桉叶油素	nd	35	2-甲基苯酚	nd	53	避蚊胺	nd
18	间甲基乙苯	nd	36	3-甲基苯酚	nd	54	n-十六酸	nd

从表 5-8 可以看出,雁群生活垃圾填埋场渗滤液共检出有机物 54 种,其中: VOCs 33 种,可以定量的组分有 12 种,分别为三氯甲烷(2 μg/L),苯(15 μg/L),二氯甲烷(28 μg/L),甲苯(24 μg/L),氯苯(3 μg/L),乙苯(5 μg/L),对、间二甲苯

（9 μg/L），邻二甲苯（14 μg/L），1,3-二氯苯（3 μg/L），1,2-二氯苯（3 μg/L），萘（5 μg/L），苯酚（38 μg/L），含量较高的有苯、甲苯、二甲苯、二氯甲烷等，这可能是由于生活垃圾中存在部分油漆制品，而油漆制品中含有苯系物，虽然其易挥发，但是苯环结构很难降解，故在垃圾渗滤液中仍存在苯系物；SVOCs 共21 种，可以定量的组分有 8 种，分别为苯胺（10 μg/L）、1,2,3,5-四氯苯（6 μg/L）、2,4,6-三氯苯酚（3 μg/L）、2,4,6-三硝基甲苯（52 μg/L）、五氯酚（43 μg/L）、邻苯二甲酸二异丁酯（8 μg/L）、邻苯二甲酸二正丁酯（10 μg/L）、邻苯二甲酸二乙基己基酯（100 μg/L），浓度与 VOCs 相比普遍较高，其中邻苯二甲酸二乙基己基酯浓度高达 0.1 mg/L，此外，苯酚类物质含量也较高，而苯酚类物质主要来源于石油制品。

5.2.1.3　翠屏山垃圾填埋场渗滤液有机污染分析

翠屏山垃圾填埋场（C）为岩溶地区简易垃圾填埋场，且已于 2008 年封场，其渗滤液可代表老垃圾渗滤液。2015 年 1 月翠屏山垃圾填埋场渗滤液调查分析结果见表 5-9。

表 5-9　翠屏山垃圾填埋场渗滤液 VOCs、SVOCs 组分及含量　单位：μg/L

序号	检出化合物	浓度	序号	检出化合物	浓度	序号	检出化合物	浓度
1	二氯甲烷	0.8	7	氯苯	0.4	13	邻苯二甲酸二甲酯	1.5
2	二硫化碳	nd	8	乙苯	0.3	14	邻苯二甲酸二异丁酯	4.5
3	三氯甲烷	1.6	9	邻二甲苯	0.6	15	邻苯二甲酸二正丁酯	1.1
4	2,2-二甲基丁烷	nd	10	环己基乙硫氰酸钠	nd	16	邻苯二甲酸二异辛酯	1.5
5	甲苯	1.8	11	苯并噻唑	nd	17	邻苯二甲酸二乙基己基酯	0.8
6	四氯乙烯	1.1	12	1,1,2,2-四乙氧基乙烷	nd	18	邻苯二甲酸二异乙酯	1.0

从表 5-9 可以看出，翠屏山垃圾填埋场渗滤液共检出有机物 18 种，其中：VOCs 9 种，可以定量的组分有 7 种，分别为二氯甲烷（0.8 μg/L）、三氯甲烷（1.6 μg/L）、甲苯（1.8 μg/L）、四氯乙烯（1.1 μg/L）、氯苯（0.4 μg/L）、乙苯（0.3 μg/L）、邻二甲苯（0.6 μg/L）；SVOCs 共 9 种，可以定量的组分有 6 种，分别为邻苯二甲酸二甲酯（1.5 μg/L）、邻苯二甲酸二异丁酯（4.5 μg/L）、邻苯二甲酸二正丁酯（1.1 μg/L）、邻苯二甲酸二异辛酯（1.5 μg/L）、邻苯二甲酸二乙基己基酯（0.8 mg/L）、邻苯二甲酸二异乙酯（1.0 mg/L）。翠屏山垃圾填埋场渗滤液中 VOCs 和 SVOCs 整体组分都较少，含量都较低，但 SVOCs 中酯类污染物种类

却相对较多,可能与垃圾渗滤液中酯类污染物长时间内生化反应、互相转化有关。

5.2.1.4　不同填埋场渗滤液中有机污染物对比分析

对分别代表不同填埋期渗滤液的 3 个垃圾填埋场渗滤液检测结果进行对比分析发现:睢宁县生活垃圾填埋场渗滤液中检测到的 VOCs 种类最多,雁群生活垃圾填埋场渗滤液中的次之,翠屏山垃圾填埋场渗滤液中的最少,符合新老垃圾渗滤液中挥发性有机物含量特征。以睢宁县生活垃圾填埋场为代表的新垃圾渗滤液中 VOCs 含量相对较高,其中甲苯含量高达 2 102 µg/L,远远大于雁群生活垃圾填埋场渗滤液中的含量(24 µg/L)和翠屏山垃圾填埋场渗滤液中的含量(1.8 µg/L);其次为二氯甲烷含量(15.07 µg/L),是翠屏山垃圾填埋场渗滤液中含量的 18.8 倍;萘含量是雁群生活垃圾填埋场渗滤液中含量的约 2.5 倍,翠屏山垃圾填埋场渗滤液中的萘含量低于检出限。以雁群生活垃圾填埋场渗滤液为代表的新老垃圾渗滤液中可定量的 VOCs 种类也相对较多,且苯、甲苯、苯酚含量均相对较高,其中苯酚含量最高(38 µg/L),睢宁县生活垃圾填埋场和翠屏山垃圾填埋场渗滤液中苯酚含量均低于检出限。以翠屏山垃圾填埋场为代表的老垃圾渗滤液中可定量的 VOCs 种类较少且含量均远低于睢宁县生活垃圾填埋场和雁群生活垃圾填埋场,说明老垃圾渗滤液中的 VOCs 由于挥发或生化反应消解程度较高,含量大大降低。

同等条件下 3 个垃圾填埋场渗滤液中 SVOCs 检测结果对比分析见图 5-1,从图中可以看出,雁群生活垃圾填埋场新老混合垃圾渗滤液中可检测到并可定量的 SVOCs 种类最多,睢宁县生活垃圾填埋场次之,翠屏山垃圾填埋场最少。结合表 5-7~表 5-9 相关数据进行对比分析,睢宁县生活垃圾填埋场垃圾渗滤液中可定量的 SVOCs 的含量均相对较高,其中邻苯二甲酸二乙基己基酯含量最高,分别是雁群生活垃圾填埋场和翠屏山垃圾填埋场含量的 1.7 倍和 213 倍;邻苯二甲酸二正丁酯含量次之,分别是雁群生活垃圾填埋场和翠屏山垃圾填埋场含量的 3.3 倍和 30.4 倍。分析认为,该类污染物在睢宁县生活垃圾填埋场和雁群生活垃圾填埋场渗滤液中含量相对较高,而在翠屏山垃圾填埋场渗滤液中含量特别低,除了新老垃圾渗滤液有区别外,还主要与垃圾渗滤液来源、垃圾中相应污染源含量多少有关。由于翠屏山垃圾填埋场投入使用时间较早,当时人们生活水平较现在低,垃圾中塑料或类塑料制品含量低,作为该类制品的增塑剂含量也相应较低,从而作为垃圾渗滤液中主要污染源的邻苯二甲酸二乙基己基酯和邻苯二甲酸二正丁酯的含量也相对较低。

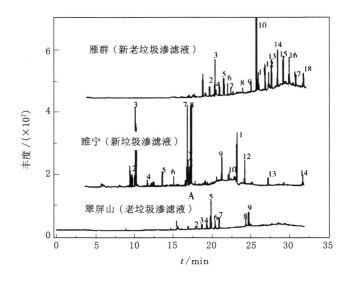

图 5-1　3 个垃圾填埋场渗滤液中 SVOCs 检测结果对比分析

5.2.2　典型垃圾填埋场不同季节渗滤液中 VOCs、SVOCs 变化规律分析

　　为了研究垃圾填埋场渗滤液中有机污染物的季节变化规律,根据睢宁地区 2014—2015 年上半年降雨量,并结合该地区多年降雨量分布情况,分别对 2014 年 6 月 17 日(平水期)、2014 年 9 月 8 日(丰水期)以及 2015 年 1 月 14 日(枯水期)采集的睢宁县生活垃圾填埋场垃圾渗滤液进行有机污染物分析,检测结果见表 5-10。

表 5-10　睢宁县生活垃圾填埋场垃圾渗滤液有机污染物检测结果

单位:μg/L

检测指标	2014 年 6 月 17 日 (平水期)	2014 年 9 月 8 日 (丰水期)	2015 年 1 月 14 日 (枯水期)	标准限值
甲苯	392	140	2 102	700
邻苯二甲酸二乙己基酯	11.2	7.6	170.4	8
苯胺	0.5	1.5	40	100
邻苯二甲酸二正丁酯	9.3	7.5	33.4	3
邻苯二甲酸二异丁酯	nd	85.4	nd	—

表 5-10（续）

检测指标	2014 年 6 月 17 日（平水期）	2014 年 9 月 8 日（丰水期）	2015 年 1 月 14 日（枯水期）	标准限值
二氯甲烷	35.2	nd	15.07	20
萘	49.5	10.5	12.3	—
三氯甲烷	nd	8.50	8.07	60
苯	4.20	4.50	4.73	10
乙苯	2.50	nd	2.53	300
对、间二甲苯	5.10	2.80	1.76	500
邻二甲苯	nd	nd	0.97	—
1,2,4-三甲苯	nd	nd	0.02	—
1,2-二氯苯	nd	nd	0.4	1 000
对二氯苯	nd	nd	0.02	300
四氯化碳	nd	12.5	nd	2
二氯乙烷	nd	2.1	nd	30
苯乙烯	nd	9.8	nd	20

注:标准限值参照《地表水环境质量标准》(GB 3838—2002)中特定项目标准限值;"—"代表无响应标准值;下同。

从表 5-10 可以看出,有机污染物检测结果中超标污染物为邻苯二甲酸二乙基己基酯、邻苯二甲酸二正丁酯、四氯化碳、甲苯和二氯甲烷,最高超标倍数分别为 21.3 倍、11.1 倍、6.3 倍、3.0 倍和 1.8 倍;其中邻苯二甲酸二乙基己基酯、邻苯二甲酸二正丁酯和甲苯季节分布规律较明显,均为在枯水期渗滤液中含量最高,平水期次之,丰水期最低。其中,甲苯在枯水期含量较高,但超标倍数并不是最高,且平水期和丰水期含量也相对较高,结合甲苯易挥发、极微溶于水、低毒等特性,认为其对地下水威胁相对较小。半挥发性有机物邻苯二甲酸二乙基己基酯和邻苯二甲酸二正丁酯超标倍数相对较高,检出率较高,且季节含量差异较大,枯水期含量分别为丰水期的 22.4 倍和 4.5 倍、平水期的 15.2 倍和 3.6 倍,说明如果在长时间缺少降水稀释条件下,垃圾渗滤液中邻苯二甲酸二乙基己基酯和邻苯二甲酸二正丁酯消散性较弱,污染物浓度可能越聚越高。

邻苯二甲酸二乙基己基酯(DEHP)是日常生活中使用最为广泛且毒性较大的酸态酯,是全球范围内最严重的化学污染物之一。DEHP 在常温下为澄清的液态油性化合物,分子量为390.56,相对密度为0.986 1,熔点为-55 ℃,沸点在大气压为760 mmHg时为387 ℃,难溶于水,易溶于多数有机溶剂和类酯。DEHP作为增塑剂在塑料制品中与塑料分子相溶性好,主要以游离形式存在,两者之间主要以氢键和范德瓦耳斯力相连,因此,当塑料制品接触到有机溶剂或油脂时,DEHP便很容易溶解释放。当DEHP释放到土壤中时,会附着在土壤颗粒上,并不会形成大规模扩散;但当DEHP随着水释放出来时,会随着地下水或地表水不断向外扩散,且降解难度大,危害持久。DEHP可以经过肠道、呼吸道和皮肤吸收,通常以胃肠道吸收为主。DEHP的毒性作用主要表现在肝脏毒性、血液和生化改变、干扰内分泌功能、生殖生长毒性及潜在诱发肿瘤等。研究发现,DEHP可以引起雄性大鼠体重增加减缓、肾脏重量减轻而肝脏重量增加,病理表现为肝细胞内滑面内质网增生、过氧化物酶的增生和增大。此外,DEHP是一种环境内分泌干扰物,对动物性激素呈显著干扰效应,临床表现为生殖能力下降、生殖器官畸形和发育异常。DEHP的生长毒性主要表现在致癌、致畸和致突变方面。在对鼠致畸实验的研究中发现3个较高剂量早期吸收胎率高达91.50%,甚至超过阳性对照组;大、中剂量组的胎鼠尾长、身长、体重都明显低于对照组,可见细尾、脑室扩大等畸形。各实验组均可见胸骨和肋骨畸形,且畸形率随剂量的增加而增大,故对小鼠有明显的致畸作用。在孕14 d开始经口给予母鼠0~750 mg/kg的DEHP,至分娩后3 d观察到雄性仔鼠生殖系统损害(睾丸萎缩、附睾畸形、尿道下裂等),并存在剂量-反应关系。

邻苯二甲酸二正丁酯(DBP)是邻苯二甲酸酯类的一种,作为增塑剂被广泛应用于工业生产中。DBP在常温下为无色油状液体,可燃,有芳香气味,熔点为-35 ℃,沸点为340 ℃,水中溶解度较低,但易溶于乙醇、乙醚、丙酮、苯等有机溶剂。DBP主要用在食品包装袋、软质聚氯乙烯(Polyvinyl Chloride,PVC)薄膜、地板革、PVC人造革、板材、壁纸、软管和电线皮等产品中,这些酯类的单体往往会在包装过程中渗入食品。另外,DBP还可用作香料的溶剂和固定剂、卫生害虫驱避剂等。同邻苯二甲酸二乙基己基酯一样,DBP作为添加剂也是以氢键和范德瓦耳斯力与塑料产品结合,并非化学键结合,因此,当接触到油脂、酒精或被加热后极易溶出,进入水环境、土壤和生物体内。饮用水是人体摄入DBP的主要途径之一。DBP在自然环境中是一个比较稳定的化合物,研究表明其在淡水、海水、沉积物、废水和污泥中的降解率非常低,生物降解率一般长达数天到几个月不等。据估计,DBP的水解半衰期大约为20年。在大剂量情况下,DBP对动物有致癌、致畸和致突变作用,其亚急性毒性主要表现为损害肝、肾、睾丸,抑制精子形成，影响生殖机能等，最引人注目的是造成人体生殖功能异常。研究表明，邻苯二甲酸酯会刺激三磷酸腺苷（ATP）酶的潜在活性，诱导线粒体肿胀，其中，DBP 的活性相对较大。此外，DBP 还是作用最强的呼吸作用抑制剂。动物试验显示，摄取较大剂量的 DBP 将导致视觉毒性和肾毒性。高剂量暴露 DBP 会导致迅速减少胆固醇和类胆固醇的传输和降低胎儿睾丸激素，从而降低睾丸酮的合成，由此导致雄性生殖器官畸形。结合国内外相关研究结论，本书决定选择邻苯二甲酸二乙基己基酯和邻苯二甲酸二正丁酯作为目标有机污染物，研究其在土层中的运移规律。

5.3　垃圾填埋场地下水有机污染分析与评价

本书主要选用气质联用仪，通过《水质 挥发性有机物的测定 吹扫捕集/气相色谱-质谱法》（HJ 639—2012）和《水和废水监测分析方法》（第四版）4.3.2 中的两种方法对不同垃圾填埋场地下水中 VOCs、SVOCs 成分进行定性、定量分析，根据检测结果分析垃圾填埋场地下水污染特征、地下水有机污染时空变化规律及原因。

5.3.1　典型垃圾填埋场地下水中 VOCs、SVOCs 空间分布规律分析

2015 年 1 月 14 日（枯水期）睢宁县生活垃圾填埋场 7 个地下水监测点及 1 个背景测点地下水 VOCs、SVOCs 检测结果见表 5-11。

表 5-11　睢宁县生活垃圾填埋场不同测点地下水中 VOCs、SVOCs
检测结果（2015 年 1 月 14 日）

单位：$\mu g/L$

组分	样品编号								标准限值
	S0	S1	S2	S3	S4	S5	S6	S7	
二氯甲烷	6.1	nd	7.7	7.6	7.1	9.5	7.4	7.3	20
三氯甲烷	nd	nd	nd	nd	1.4	nd	nd	nd	60
苯	nd	nd	nd	nd	0.24	nd	nd	nd	10
甲苯	0.20	0.46	0.20	0.20	0.20	0.33	0.20	0.20	700
乙苯	nd	nd	nd	nd	nd	nd	nd	nd	300
对、间二甲苯	nd	nd	nd	nd	nd	nd	nd	nd	—
邻二甲苯	nd	nd	nd	nd	nd	nd	nd	nd	—

表 5-11(续)

组分	样品编号								标准限值
	S0	S1	S2	S3	S4	S5	S6	S7	
1,2,4-三甲基苯	nd	nd	nd	nd	nd	nd	nd	nd	—
对二氯苯	nd	nd	nd	nd	nd	nd	nd	nd	300
1,2-二氯苯	nd	nd	nd	nd	nd	nd	nd	nd	1 000
萘	nd	nd	nd	nd	nd	nd	nd	nd	—
苯胺	nd	nd	nd	nd	nd	nd	nd	nd	—
邻苯二甲酸二正丁酯	0.60	0.84	1.90	1.70	1.20	0.70	0.80	1.10	3
邻苯二甲酸二异丁酯	0.9	nd	1.8	16.8	2.6	12.5	1.3	2.9	—
邻苯二甲酸二乙基己基酯	0.68	2.48	nd	0.92	0.76	2.80	nd	1.82	8
$\sum$ VOCs	8.60	0.46	7.90	7.80	7.30	11.47	7.60	7.50	—
$\sum$ SVOCs	2.88	3.32	3.70	19.42	4.56	16.00	2.10	5.28	—

注:标准限值参照《生活饮用水卫生标准》(GB 5749—2022)中相应标准。

由表 5-11 可以看出,睢宁县生活垃圾填埋场地下水检测出有机污染物共计 15 种,其中 14 种为 EPA 重点优先控制污染物,主要为卤代脂肪烃、单环芳香族化合物、多环芳烃和肽酸酯类。该填埋场地下水中可定量污染物共计 7 种,地下水 VOCs、SVOCs 检测结果均未超过相应标准限值,但其中二氯甲烷、甲苯、邻苯二甲酸二正丁酯、邻苯二甲酸二异丁酯、邻苯二甲酸二乙基己基酯在背景深水监测井(岩溶水)中也均有不同程度的检出,而天然岩溶水有机污染物含量本应为零,说明该地区岩溶地下水已受到人为干扰。

将该填埋场 7 个地下水监测点 VOCs、SVOCs 检测结果进行对比分析,可以看出,位于该填埋场卫生改造后首先填埋区域的 S5 测点地下水中可定量有机污染物种类最多,且质量浓度均相对较高,$\sum$ VOCs 最高(11.47 μg/L),分析认为主要是受新垃圾渗滤液污染影响。其次整体污染程度较大点为地下水抽水点 S3,其 $\sum$ SVOCs 最高(19.42 μg/L),其邻苯二甲酸二正丁酯和邻苯二甲酸二异丁酯含量均较高,这主要是由于该测点位于垃圾填埋场防渗膜下 0.5 m 处,更容易受垃圾渗滤液影响,此外还可能受抽水管道的影响。位于垃圾填埋场下游的 S6 和 S7 测点部分有机物有不同程度检出,可能由于 S7 水井深度较 S6 浅一些,其检出有机污染物浓度除二氯甲烷和甲苯外均远大于位于填埋场下游 200 m 农户家的 S6 测点浓度,说明该垃圾填埋场附近浅层地下水已受到有机污染,具体主导因素是否是该垃圾填埋场有待进一步研究分析。

5.3.2 典型垃圾填埋场地下水中 VOCs、SVOCs 季节分布规律分析

2014 年 6 月 17 日（平水期）、2014 年 9 月 8 日（丰水期）以及 2015 年 1 月 14 日（枯水期）采集的睢宁县生活垃圾填埋场污染物浓度最大点 S5 的地下水可定量 VOCs、SVOCs 检测结果见表 5-12，根据该结果分析垃圾填埋场地下水污染物浓度随降水变化规律。

表 5-12　睢宁县生活垃圾填埋场地下水可定量 VOCs、SVOCs 季节变化规律

检测指标	2014 年 6 月 17 日（平水期）		2014 年 9 月 8 日（丰水期）		2015 年 1 月 14 日（枯水期）		标准限值/（μg/L）
	$\rho_{地下水}$/（μg/L）	$\rho_{地下水}/\rho_{渗滤液}$/%	$\rho_{地下水}$/（μg/L）	$\rho_{地下水}/\rho_{渗滤液}$/%	$\rho_{地下水}$/（μg/L）	$\rho_{地下水}/\rho_{渗滤液}$/%	
二氯甲烷	0.5	3.2	2.1	/	9.5	63.0	20
三氯甲烷	0.12	1.50	nd	/	1.40	17.30	60
苯	nd	/	nd	/	0.24	5.07	10
甲苯	nd	/	nd	/	0.33	0.02	700
四氯化碳	nd	/	1.5	12.0	nd	/	—
邻苯二甲酸二正丁酯	1.03	3.10	2.70	36.00	0.70	2.10	3
邻苯二甲酸二异丁酯	nd	/	3.5	4.1	12.5	/	—
邻苯二甲酸二乙基己基酯	1.96	1.20	6.80	89.50	2.80	1.60	8

注：标准限值参照《生活饮用水卫生标准》（GB 5749—2022）中相应标准；"/"代表没有计算结果。

从表 5-12 可以看出，枯水期睢宁县生活垃圾填埋场地下水检测出的有机污染物种类最多，且除四氯化碳、邻苯二甲酸二正丁酯和邻苯二甲酸二乙基己基酯外，其他污染物枯水期含量最高；四氯化碳、邻苯二甲酸二正丁酯和邻苯二甲酸二乙基己基酯丰水期含量最高，且只有丰水期地下水和垃圾渗滤液中均检测出四氯化碳；丰水期 SVOCs 的 $\rho_{地下水}/\rho_{渗滤液}$ 值均最大，说明降水可携助有机污染物向地下水迁移；枯水期 VOCs 的 $\rho_{地下水}/\rho_{渗滤液}$ 值均最大，这主要是由于徐州地区枯水期在冬季，气温较低，不利于 VOCs 向空气中挥发，而地下温度相对较高，有利于 VOCs 向下扩散进入地下水。

5.3.3 不同垃圾填埋场地下水中 VOCs、SVOCs 污染特征分析

根据 2015 年枯水期睢宁县生活垃圾填埋场、雁群生活垃圾填埋场和翠屏山垃圾填埋场地下水样品中有机污染物检测结果，分别计算 3 个垃圾填埋场地下

水监测点（除背景测点外）可定量有机污染物浓度平均值，统计结果见表5-13。

表5-13　不同垃圾填埋场地下水中 VOCs、SVOCs 含量对比分析

单位：$\mu g/L$

检测指标	垃圾填埋场		
	翠屏山	雁群	睢宁
二氯甲烷	nd	6.800	6.583
三氯甲烷	0.900	nd	nd
二硫化碳	0.100	nd	nd
苯	nd	nd	0.040
甲苯	nd	nd	0.265
萘	nd	0.800	nd
邻苯二甲酸二甲酯	nd	0.200	nd
邻苯二甲酸二异丁酯	6.800	0.400	5.883
邻苯二甲酸二正丁酯	2.900	0.300	1.173
邻苯二甲酸二乙基己基酯	1.100	3.400	1.337

从表5-13可以看出，填埋年代相对久远的翠屏山垃圾填埋场SVOCs含量均相对较高，使用年代相对较近的雁群和睢宁垃圾填埋场VOCs含量相对较高，说明VOCs由于易挥发的特性，较容易随填埋场使用年代的增长、生化反应的影响自行消散，但SVOCs较不容易消散，甚至可能由于生化反应而富集，对地下水构成一定威胁，研究垃圾填埋场对地下水影响应重点关注SVOCs。根据表5-13，对填埋使用年代相差不大的雁群和睢宁垃圾填埋场进行比较，发现位于岩溶地区的睢宁垃圾填埋场地下水中肽酸酯类总含量较高，其中邻苯二甲酸二异丁酯和邻苯二甲酸二正丁酯含量分别是雁群填埋场地下水中含量的14.7倍和3.9倍，说明该类污染物在岩溶地区更容易向地下水迁移。

5.4　本章小结

本章通过对徐州岩溶地区和非岩溶地区3个典型垃圾填埋场（睢宁、翠屏山、雁群）渗滤液和地下水中VOCs和SVOCs的检测，研究了不同垃圾填埋场渗滤液和地下水中VOCs和SVOCs的污染特征和季节性分布变化规律，分析了岩溶地区和非岩溶地区、不同填埋年代垃圾渗滤液及地下水污染程度，筛选出了典型垃圾填埋场及典型有机污染物。

(1) 对分别代表不同填埋期渗滤液的3个垃圾填埋场垃圾渗滤液检测结果进行对比分析发现,以睢宁县生活垃圾填埋场为代表的新垃圾渗滤液中共检出有机物48种,其中VOCs 35种,可以定量的组分有12种,甲苯含量高达2 102 μg/L,远远大于睢宁县生活垃圾填埋场的含量(24 μg/L)和翠屏山垃圾填埋场的含量(1.8 μg/L);以雁群生活垃圾填埋场为代表的新老垃圾渗滤液中共检出有机物54种,其中VOCs 33种,可以定量的组分有12种,苯酚含量最高(38 μg/L),睢宁和翠屏山填埋场垃圾渗滤液中苯酚含量低于检出限;以翠屏山垃圾填埋场为代表的老垃圾渗滤液共检出有机物18种,其中VOCs 9种,可以定量的组分有7种,含量均远低于睢宁县生活垃圾填埋场和雁群生活垃圾填埋场,说明老垃圾渗滤液中VOCs由于挥发或生化反应消解程度较高,含量大大降低。

同等条件下,雁群生活垃圾填埋场代表的新老混合垃圾渗滤液中可检测到并可定量的SVOCs种类最多,睢宁填埋场次之,翠屏山填埋场最少。但睢宁填埋场垃圾渗滤液中可定量SVOCs的含量均相对较高,其中邻苯二甲酸二乙基己基酯含量最高,分别是雁群生活垃圾填埋场和翠屏山填埋场含量的1.7倍和213倍;邻苯二甲酸二正丁酯含量次之,分别是雁群生活垃圾填埋场和翠屏山填埋场含量的3.3倍和30.4倍。分析认为,邻苯二甲酸二乙基己基酯是日常生活中使用最为广泛且毒性较大的酸态酯,是全球范围内最严重的化学污染物之一;邻苯二甲酸二正丁酯是邻苯二甲酸酯类的一种,可能导致雄性生殖器官畸形。世界卫生组织指出邻苯二甲酸酯类进入人体和动物体内会有类似雌激素的作用,会干扰内分泌,是一种潜在的内分泌干扰物,主要来源于塑料或类塑料制品中添加的增塑剂。

(2) 睢宁县生活垃圾填埋场垃圾渗滤液有机污染物检测结果同《地表水环境质量标准》(GB 3838—2002)中地表水Ⅲ类标准对比分析表明,不同季节渗滤液检测结果中超标污染物为邻苯二甲酸二乙基己基酯、邻苯二甲酸二正丁酯、四氯化碳、甲苯和二氯甲烷,最高超标倍数分别为21.3倍、11.1倍、6.3倍、3.0倍和1.8倍;其中邻苯二甲酸二乙基己基酯、邻苯二甲酸二正丁酯和甲苯季节分布规律较明显,均为在枯水期渗滤液中含量最高,平水期次之,丰水期最低。其中,甲苯在枯水期含量较高,但超标倍数并不是最高的,且平水期和丰水期含量也相对较高,结合甲苯易挥发、极微溶于水、低毒等特性,认为其对地下水威胁相对较小。半挥发性有机物邻苯二甲酸二乙基己基酯和邻苯二甲酸二正丁酯超标倍数相对较高,检出率较高,且季节含量差异较大,枯水期含量分别为丰水期含量的22.4倍和4.5倍、平水期含量的15.2倍和3.6倍,说明如果在长时间缺少降水稀释条件下,垃圾渗滤液中邻苯二甲酸二乙基己基酯和邻苯二甲酸二正丁酯消散性较弱,污染物浓度可能越聚越高。

目前国内外已开始重视该类污染物的研究,结合该污染物的毒性,本书决定选择邻苯二甲酸二乙基己基酯和邻苯二甲酸二正丁酯作为目标有机污染物,研究其在土层中的运移规律。

（3）睢宁县生活垃圾填埋场地下水检测出有机污染物共计15种,其中14种为EPA重点优先控制污染物,主要为卤代脂肪烃、单环芳香族化合物、多环芳烃和肽酸酯类。该填埋场地下水中可定量污染物共计7种,VOCs、SVOCs检测结果均未超过《生活饮用水卫生标准》(GB 5749—2022)中相应标准限值,但其中二氯甲烷、甲苯、邻苯二甲酸二正丁酯、邻苯二甲酸二异丁酯、邻苯二甲酸二乙基己基酯在多数监测井中均有不同程度的检出,位于填埋场下游200 m农户家的测点地下水中上述污染物也均有不同程度的检出,且高于或等于背景深水井检测值,说明该垃圾填埋场附近浅层地下水已受到有机污染,具体主导因素是否是该垃圾填埋场有待进一步研究分析。

（4）睢宁县生活垃圾填埋场地下水中有机污染物季节分布规律为:枯水期检测出的有机污染物种类最多,且除四氯化碳、邻苯二甲酸二正丁酯和邻苯二甲酸二乙基己基酯外,其他污染物枯水期含量均最高;四氯化碳、邻苯二甲酸二正丁酯和邻苯二甲酸二乙基己基酯丰水期含量最高,且只有丰水期地下水和垃圾渗滤液中均检测出四氯化碳;丰水期SVOCs的 $\rho_{\text{地下水}}/\rho_{\text{渗滤液}}$ 值均最大,说明降水可携助有机污染物向地下水迁移;枯水期VOCs的 $\rho_{\text{地下水}}/\rho_{\text{渗滤液}}$ 值均最大,这主要是由于徐州地区枯水期在冬季,气温较低,不利于VOCs向空气中挥发,而地下温度相对较高,有利于VOCs向下扩散进入地下水。

（5）对睢宁、雁群和翠屏山3个垃圾填埋场地下水污染进行对比分析发现,填埋年代相对久远的翠屏山垃圾填埋场SVOCs含量均相对较高,使用年代相对较近的雁群和睢宁垃圾填埋场VOCs含量相对较高,说明VOCs由于易挥发的特性,较容易随填埋场使用年代的增长、生化反应的影响自行消散,但SVOCs较不容易消散,甚至可能由于生化反应而富集,对地下水构成一定威胁,研究垃圾填埋场对地下水影响应重点关注SVOCs。对填埋使用年代相差不大的雁群和睢宁垃圾填埋场进行比较,发现位于岩溶地区的睢宁垃圾填埋场地下水中肽酸酯类总含量较高,其中邻苯二甲酸二异丁酯和邻苯二甲酸二正丁酯含量分别是雁群填埋场地下水含量的14.7倍和3.9倍,说明该类污染物在岩溶地区更容易向地下水迁移。

第6章 实验室土柱模拟垃圾渗滤液金属和有机污染物运移规律

6.1 实验方法与运行

6.1.1 实验土柱设计

6.1.1.1 实验材料和预处理

实验用土壤采自睢宁县生活垃圾填埋场,分别取填埋场附近未经污染的土壤(分层)及垃圾填埋场新覆土,将取回的土壤风干后过10目尼龙筛后备用。所采土壤和介质理化性质如表6-1和表6-2所示。实验所用石英砂为高纯度石英砂,化学、热学和机械性均具有明显的异向性,且具有很强的抗酸碱性。实验用水为去离子水。

表 6-1 土壤性质

土深 h/m	土壤类型	有机碳占比/%	有机碳类型	孔隙度/%	密度/(g/cm³)
−0.5	黏土	30.3	轻组	41	1.36
−0.7	黏土	30.5	轻组	45	1.34
−0.9	粉土	29.5	轻组	56	1.33

表 6-2 介质理化性质

土深 h/m	含量/(mg/kg)			
	有机质	总氮	总磷	总钾
覆土(0)	6.21	310	632	150.0
−0.5	5.23	261	571	89.5
−0.7	5.25	288	563	100.0
−0.9	5.09	305	518	96.8

6.1.1.2 土柱设计

土柱设计如图 6-1 所示。1 号和 2 号柱的填柱高度均为 50 cm，底部铺有不锈钢网，防止渗流的泥土堵塞出水取样口。1 号柱装填土壤从下到上分别为距地面 0.9 m（0~17 cm）、0.7 m（17~34 cm）和 0.5 m（34~50 cm）的填埋场附近未经污染土壤；2 号柱装填混有 10% 石英砂（m/m；保证土壤渗透性与填埋场基本一致）的垃圾填埋场新覆土。分层装填，并利用夯实设备对装填的每一层土壤进行一定次数的击实，以确保整个实验过程中柱中土壤密度值保持一致。

6.1.2 实验方法和步骤

6.1.2.1 垃圾渗滤液渗流实验

用去离子水饱水 48 h，以维持原位处理模型的水流状态。分别向 1、2 号土柱中加入 1.5 L 混有 5 mg/L 邻苯二甲酸二乙基己基酯和 5 mg/L 邻苯二甲酸二正丁酯的垃圾渗滤液，原水水质如表 6-3 所示。封闭条件下采用 100 mL 棕色试剂瓶在底部取样，每隔一定时间取样测定渗滤液中有机和金属污染物的浓度。

表 6-3　垃圾渗滤液渗流实验原水中不同物质的浓度

指标名称	邻苯二甲酸二乙基己基酯		邻苯二甲酸二正丁酯		钠	镁	钾	钙
浓度/(mg/L)	5.158		5.015		2 103.7	214.6	1 171.6	42.8
指标名称	砷	镉	铬	铅	镍	铊	锰	铁	铜	锌	锑	钛
浓度/(μg/L)	127.6	0.46	333.3	0.183	101.8	0.000	405.7	2 053.4	9.045	84.13	14.219	241.8

6.1.2.2 实验室配水渗流实验

用 1 L 去离子水冲洗填充柱 3 次，去除柱中残留有机污染物，接着用去离子水饱水 48 h，以维持原位处理模型的水流状态。向 1 号土柱加入 1.5 L 含金属的溶液，实验用溶液以含 28 种金属元素的 ICP-MS 混标（CFGK-ICPQC-28）配制，浓度如表 6-4 所示。封闭条件下采用 100 mL 棕色试剂瓶在底部取样，每隔一定时间取样测定淋滤液中金属的浓度。

表 6-4　重金属污染物渗流实验原水中不同物质的浓度

指标名称	钠	镁	钾	钙	铁	铜	锌	钛
浓度/(μg/L)	2 700.5	1 867.7	19 218.8	2 304.7	1 538.1	1 952.9	2 005.3	1 941.6
指标名称	砷	镉	铬	铅	镍	铊	锰	锑
浓度/(μg/L)	1 978.9	1 924.4	1 931.9	1 879.5	1 985.1	1 880.0	1 922.7	1 936.4

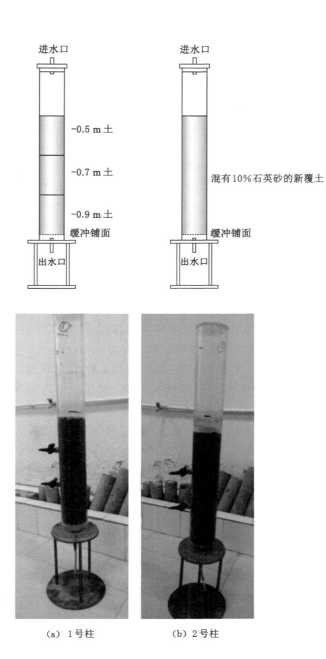

图 6-1　土柱实验装置图

6.2　垃圾渗滤液典型污染物在土层中的运移规律

6.2.1　垃圾渗滤液中典型污染物在土层中的运移规律

垃圾渗滤液的迁移过程往往包括对流和水动力弥散两个部分。对流过程是整个流体体系按平均流速的迁移,水动力弥散过程相对于平均迁移受到渗滤液浓度梯度的影响。

对流是溶质随孔隙水运动而迁移的过程,它产生的溶质通量称作溶质对流通量,即污染物因对流作用在单位面积、单位时间下通过的质量。水动力弥散由机械弥散与扩散组成。扩散是指由分子或离子热运动引起的混合分散作用。它受渗滤液浓度梯度的影响,不论渗滤液是否流动,只要有浓度梯度就会有扩散作用。

垃圾渗滤液的迁移运输是相当复杂的动力学过程。除了对流与水动力弥散外,微生物降解、固相溶出、固体骨架的吸附等物理、化学及生物作用对垃圾渗滤液的迁移运输及浓度分布均产生较大影响。一般情况下,渗滤液中的污染物经过包气带会发生自净作用而使污染物浓度降低,主要是由于:① 污染物经过包气带时产生了一系列的物理、化学和生物作用,使一些污染物降解为无毒无害的组分;② 一些污染物由于过滤吸附和沉淀而截留在包气带里;③ 还有一些污染物被植物吸收或合成到微生物里,结果使污染物浓度降低。但是,污染物在迁移的过程中,还有可能发生一些相反的现象,即有些作用会增加污染物的迁移性能,使其浓度增加,或从一种污染物转化成另一种污染物,如渗滤液中的氨氮在经过包气带中的硝化作用后会变成硝酸盐氮,使硝酸盐氮浓度增加。

6.2.1.1　有机污染物的运移规律研究

有机污染物在包气带中的运移过程主要包括对流弥散、吸附等过程,受污染物自身、环境条件、水文地质条件等的影响。

有机物在土层中的弥散过程是一种物理过程,又称水动力迁移,主要受地下水中污染物的浓度梯度、渗透系数等的影响。分配理论认为,在土壤-水体系中,土壤对非离子性有机物的吸着主要是溶质的分配过程,即非离子性有机物通过溶解作用分配到土壤有机质中,并经过一定时间达到平衡。有机物的吸附过程和吸附质的性质等具有重要的联系,疏水性有机物的吸附过程主要以线性分配为主,且分配系数受介质的有机碳含量影响。另外,含水层介质的有机质、黏粒含量、腐殖酸等对地下水有机物的吸附起着重要作用。

一维土柱模拟实验出水中 DEHP、DBP 污染浓度统计结果见表 6-5,出水和进水浓度比变化情况见图 6-2。由图 6-2 结合表 6-5 可以看出,2 号柱 DEHP、DBP 出水和进水浓度比 C/C_0 均相对较高。实验结果:1 号、2 号柱出水中

DEHP 的最大值分别为 0.473 8 mg/L、0.818 6 mg/L，DBP 的最大值分别为 0.259 0 mg/L、0.443 9 mg/L，2 个土柱 DEHP 的质量浓度均约是 DBP 质量浓度的 2 倍，表明不同类型土壤对 DBP 的吸附能力均强于对 DEHP 的吸附能力。虽然 1 号柱和 2 号柱的出水 DEHP、DBP 质量浓度相近且相对稳定，但混有石英砂的 2 号柱的 DEHP 和 DBP 均出现了不同程度的穿透现象，且 DEHP 的穿透时间比 DBP 的快 2 倍，说明土壤对 DBP 的吸附能力更强，而对 DEHP 的吸附能力较弱。

表 6-5   出水中有机污染物 DEHP 和 DBP 浓度统计结果   单位：mg/L

名称	柱子编号	最大值	最小值	平均值
DEHP	1 号柱	0.473 8	0.462 8	0.466 3
	2 号柱	0.818 6	0.462 3	0.515 5
DBP	1 号柱	0.259 0	0.258 6	0.258 9
	2 号柱	0.443 9	0.258 7	0.273 3

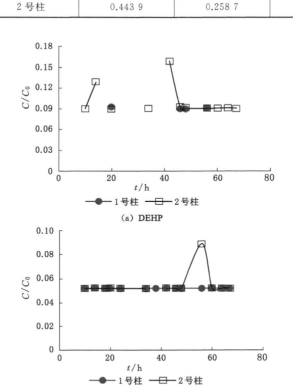

图 6-2   典型有机污染物出水与进水浓度比随时间变化规律

6.2.1.2　金属污染物的运移规律研究

（1）碱金属及碱土金属运移规律

土壤包气带中胶体一般带有负电荷,因此易于吸附阳离子(主要是性质较活泼的碱金属离子和碱土金属离子)形成离子双电层,其扩散层的补偿阳离子往往可以和水中的阳离子进行等量交换。

土壤胶体的阳离子交换过程主要以离子价态为依据,符合等价交换规律和质量守恒定律,离子交换能力的强弱主要和离子电荷数、离子半径和水化程度有关。一般情况下,带电荷较多的高价阳离子和水化半径较小的阳离子,在同等数量的情况下,交换能力较强。土壤中常见阳离子的交换能力顺序为:

$$Fe^{3+}、Al^{3+}>H^+>Ca^{2+}>Mg^{2+}>NH_4^+>K^+>Na^+>Li^+$$

此外,离子浓度和数量也在一定程度上对阳离子交换能力产生影响,对于交换能力弱的离子,在离子浓度足够高的情况下,也可以交换吸附能力较强的阳离子。渗滤液出水中不同碱(土)金属浓度随时间变化规律见图 6-3。

从图 6-3 中可以看出,两个土柱出水中碱(土)金属元素的浓度随时间呈逐渐减小的趋势,2 号柱出水中碱(土)金属元素浓度明显高于 1 号柱出水中的浓度,表明渗滤液中碱(土)金属元素并未完全穿透土层,出水中的碱(土)金属元素主要来源于土壤淋滤流失的可交换态金属元素。因此,随着渗滤液淋洗时间的不断增加,土层中可交换态金属元素的含量逐渐减少,导致出水中碱(土)金属元素的浓度逐渐降低。

此外,对比不同土层渗流实验的结果发现,2 号柱出水中碱(土)金属元素浓度明显高于 1 号柱出水中的浓度,这种现象的产生和土柱中土壤理化性质有一定关系:1 号柱中所填土壤为填埋场附近未经污染的深层土壤,而 2 号柱中所填土壤为填埋场新覆土,为表层土壤,与 1 号柱相比,具有较高的可交换阳离子含量。同时,2 号柱中石英砂的加入增大了土壤的渗透性,因此,当渗滤液流经 2 号柱填土时,土壤中较多的可交换态碱(土)金属从土壤胶体中被置换出来进入水中,导致 2 号柱渗滤液出水中碱(土)金属浓度相对较高,特别是 Ca 的浓度甚至超过原水中 Ca 的浓度。

研究表明,土壤中阳离子交换能力的大小顺序为 $Ca^{2+}>Mg^{2+}>K^+>Na^+$。但是,由土柱实验的结果(图 6-3)可以看出,土壤胶体中钙离子被大量置换出来,土壤中碱(土)金属元素的交换顺序为 K>Na>Mg>Ca。形成这种现象可能是不同碱(土)金属元素浓度影响的结果,由表 6-3 可以看出,

垃圾填埋场地下水金属和有机污染特征及监控预警技术

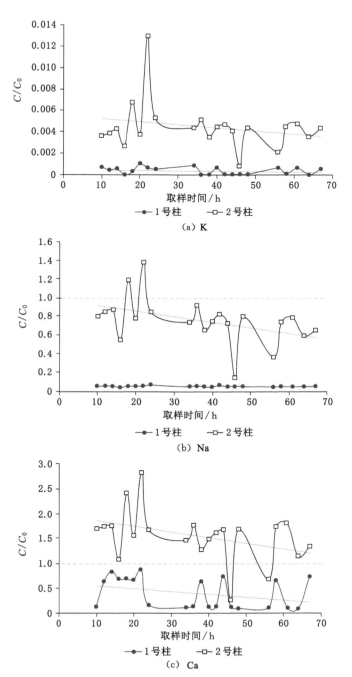

(a) K

(b) Na

(c) Ca

图 6-3　渗滤液中不同碱(土)金属出水与进水浓度比随时间变化规律

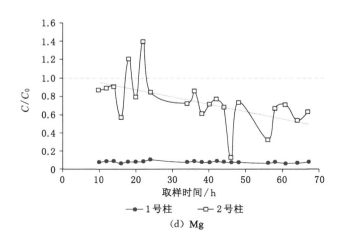

(d) Mg

图 6-3 （续）

原水中 Na 和 K 的含量较高,分别为 2 103.7 mg/L 和 1 171.6 mg/L;而 Ca 的含量相对较低,为 42.8 mg/L。因此,受浓度差的影响,土壤胶体中吸附的 Ca 更容易被 Na 和 K 取代而发生脱附,进入水体中,增加了出水中 Ca 的浓度。

（2）重金属运移规律

重金属在土壤中的运移往往是物理过程、物理化学过程和生物过程共同作用的结果,运移程度比较复杂。重金属的运移过程主要受到土壤介质吸附作用的影响,其次还受到分子扩散、水动力弥散、混合、稀释、沉淀等物理因素的影响。渗滤液在土层中运移的过程中,重金属含量的变化实际包括两个方面,一方面是渗滤液中外源重金属在土层中的积累过程,另一方面是土壤本身包含的重金属离子在水流冲刷作用下的淋滤流失过程。渗滤液出水中不同重金属浓度随时间变化规律见图 6-4。

如图 6-4 所示,1 号柱出水中重金属的含量明显低于 2 号柱出水中的含量,特别是对 Mn、Ni、Cu、Zn、Cr 等元素,1 号柱所填土层的截留能力比较明显,淋滤液中重金属含量未出现大幅度提高,说明随垃圾渗滤液进入土层中的重金属并没有穿透土壤,仅土层中部分水溶性重金属随出水被淋滤出来。相比之下,2 号柱对垃圾渗滤液中重金属的吸附截留能力则较弱,经过土柱后,出水中元素 Mn、Ni、Cu、Zn、Cd 的浓度较原水均出现了不同程度的增加,特别是 Zn、Cu、Mn 等元素浓度比原水

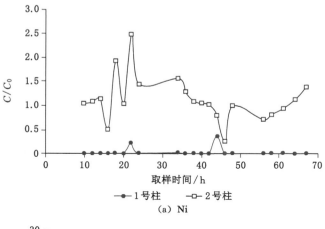

（a）Ni

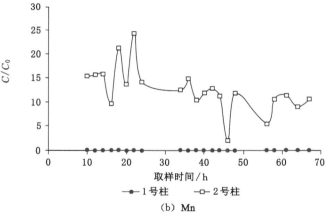

（b）Mn

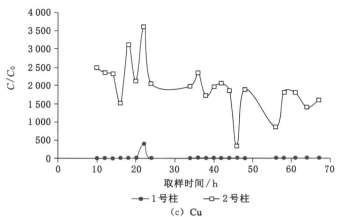

（c）Cu

图 6-4 渗滤液中不同重金属出水与进水浓度比随时间变化规律

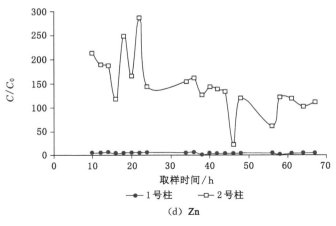

(d) Zn

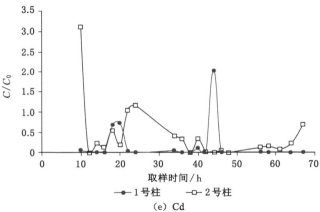

(e) Cd

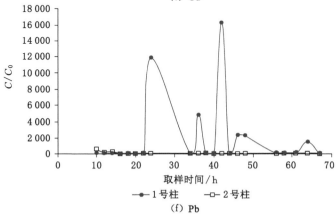

(f) Pb

图 6-4 （续）

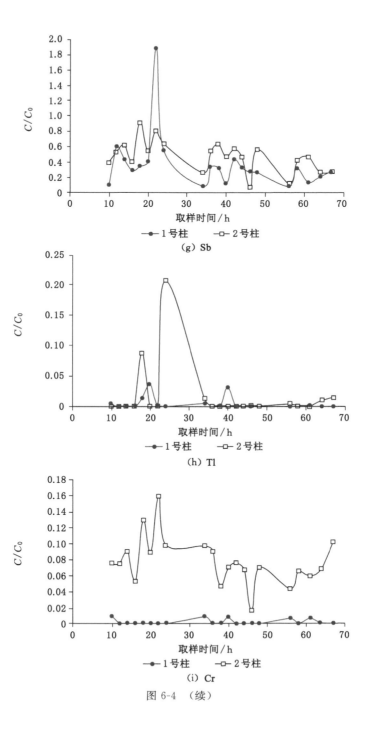

（g）Sb

（h）Tl

（i）Cr

图 6-4 （续）

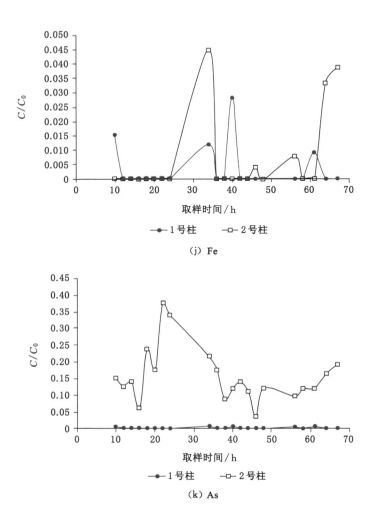

（j）Fe

（k）As

图 6-4 （续）

高出数十倍至数百倍。造成这种现象的原因主要包括两个方面：一方面，石英砂的添加增大了土壤的孔隙度和渗透性，一些孔隙相互连接可能形成一定的导水通道，更利于金属元素的迁移转化；另一方面，土壤中一些游离态的金属元素被渗滤液淋滤出来，导致出水中重金属浓度增加，这也是初期出水中重金属元素浓度普遍升高的主要原因。

从图 6-4 可以看出，垃圾渗滤液经过土层后，1 号柱中未经污染的深层土壤对重金属具有较强的吸附能力，Tl、Mn、As、Ni、Cr、Fe 等重金属元素大部分被土层吸附截留,最高吸附率分别为 99.8%、99.7%、99.6%、99.5%、99.4%、99.1%;2 号柱土层对重金属的吸附能力相对较弱,主要有 Tl、Fe、As、Cr 等元素被土层吸附,最高吸附率分别为 99.8%、99.6%、96.5%、98.4%。综合分析说明,垃圾渗滤液中 Tl、Fe、As、Cr 等重金属元素更容易被土壤胶体吸附、络合,从而被截留在土层中,在短期内不容易进入水体并迁移。

垃圾渗滤液中重金属在土柱淋滤液中的浓度变化规律见图 6-5。

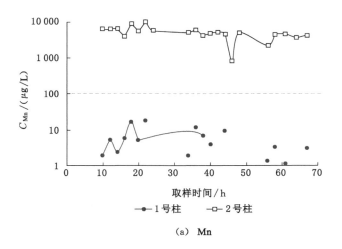

（a） Mn

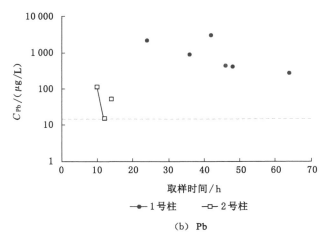

（b） Pb

图 6-5　渗滤液中重金属在土柱淋滤液中的浓度变化规律

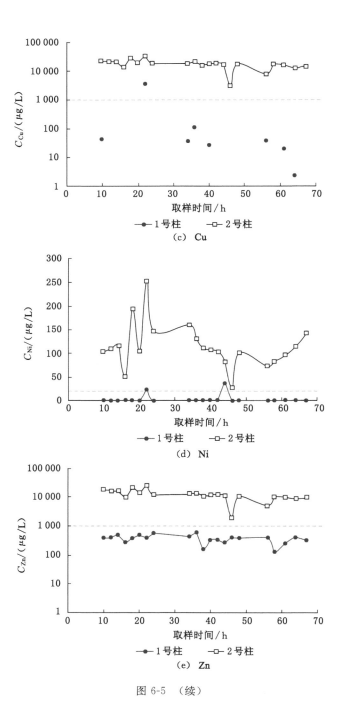

（c）Cu

（d）Ni

（e）Zn

图 6-5 （续）

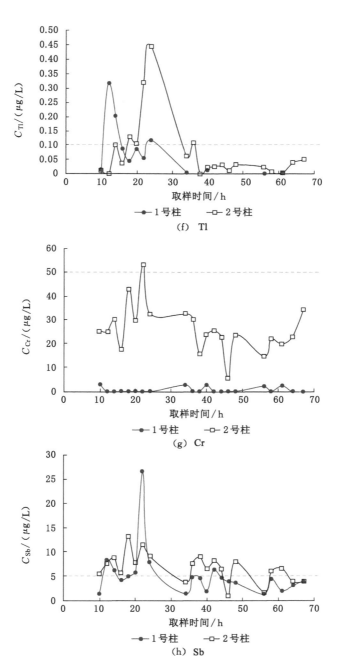

(f) Tl

—●— 1号柱 —□— 2号柱

(g) Cr

—●— 1号柱 —□— 2号柱

(h) Sb

—●— 1号柱 —□— 2号柱

图 6-5 （续）

从图6-5中可以看出,出水中重金属浓度并未出现明显的升高变化,说明在实验周期内渗滤液中重金属并未穿透土层,出水中重金属主要来自填充的土壤。1号柱淋滤液中Pb、Ni、Cu、Tl、Sb等重金属元素经过土层之后浓度均被放大,超出《地表水环境质量标准》(GB 3838—2002)中地表水Ⅲ类水标准限值。2号土柱土层渗透性好,土壤中更多的重金属被淋滤出来,Mn、Pb、Ni、Cu、Zn、Tl、Sb等元素均超出地表水环境质量标准限值。值得关注的是,在垃圾渗滤液原水中并未检测出Tl元素,而在1号柱和2号柱的出水中均检测到Tl元素的存在,且不同土柱淋滤液中Tl元素含量大致相当,均值分别为0.078 μg/L、0.086 μg/L;Sb元素与之类似,1号柱和2号柱淋滤液中Sb元素的平均含量接近,分别为5.274 μg/L和6.710 μg/L。可能由于该区域土壤中Tl、Sb两种元素的土壤背景值较高,经淋滤后进入淋滤液中,从而影响出水中Tl、Sb两种元素的浓度。

根据出水中重金属的浓度变化可知,淋滤液中Mn、Pb、Cu、Zn等重金属元素浓度随时间的波动性较大,可能是由于这些元素在土壤中的吸附-解吸活动比较活跃,导致淋滤液中这些元素浓度较高且波动性较大。

6.2.2 实验室配水中典型污染物在土层中的运移规律

6.2.2.1 碱金属及碱土金属运移规律

实验室配水淋滤液中不同碱(土)金属进出水浓度比随时间变化规律见图6-6。

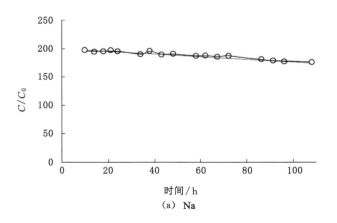

(a) Na

图6-6 实验室配水淋滤液中不同碱(土)金属进出水浓度比随时间变化规律

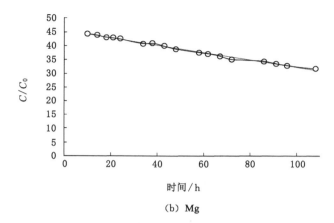

（b）Mg

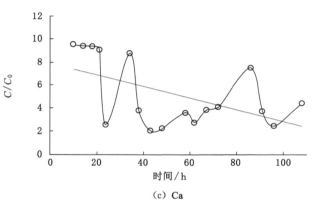

（c）Ca

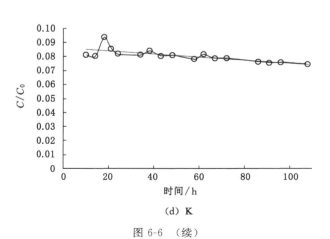

（d）K

图 6-6 （续）

从图 6-6 可以看出,同垃圾渗滤液中碱(土)金属元素的运移规律类似,在实验室配水实验中,土柱淋滤液中碱(土)金属元素的浓度随时间逐渐减小,表明渗滤液中碱(土)金属元素并未完全穿透土层,出水中的碱(土)金属元素主要来源于土壤淋滤流失的可交换态碱(土)金属元素。由于土壤中可交换态金属元素的含量随时间逐渐减少,导致出水中碱(土)金属元素的浓度逐渐降低。

由于没有垃圾渗滤液中其他污染物的影响,土壤中可交换态金属的淋滤流失速度处于相对稳定的状态,土柱淋滤液中 Na、Mg、K 等元素浓度基本呈线性趋势减小。从图中可以看出,淋滤液经过土层后,K 被大量吸附,而 Na、Mg、Ca 等元素浓度出现不同程度的增加,这种现象产生主要是由于淋滤液中碱(土)金属的浓度影响了其阳离子的交换能力。实验所用原水中 K、Na、Mg、Ca 的浓度分别为 19.22 mg/L、2.70 mg/L、1.87 mg/L、2.30 mg/L,K 元素浓度相对较高,土壤胶体与水中溶质的浓度差导致 K 的交换能力相对较大,替换出胶体中其他碱(土)金属元素。此外,出水中 Ca 元素的浓度变化波动较大,可能受 Ca 本身交换能力的影响,一般情况下,土壤中阳离子交换能力的大小顺序为 $Ca^{2+}>Mg^{2+}>K^+>Na^+$,因此,土壤胶体与 Ca 之间的吸附力更强,一方面受强吸附力的影响,一方面受高浓度 K 的影响,使 Ca 不断地进行吸附-解吸活动,导致出水中 Ca 的浓度不断地变化;同时随着土层不断地被淋洗,土壤中可溶性 Ca 的含量也越来越少,使淋滤液中 Ca 的浓度在波动中逐渐降低。

6.2.2.2 重金属运移规律

实验室配水渗流实验所用原水中不同重金属浓度均为 2 mg/L 左右,大致相当,淋滤液中不同重金属进出水浓度比随时间变化规律见图 6-7。

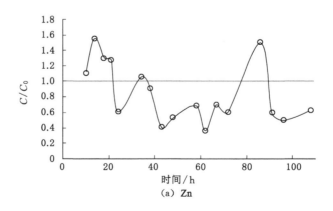

图 6-7 实验室配水淋滤液中不同重金属进出水浓度比随时间变化规律

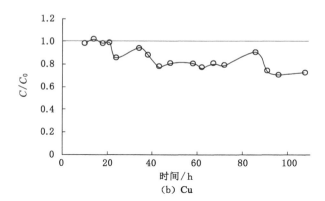

(b) Cu

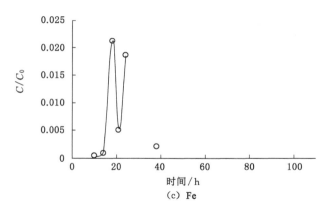

(c) Fe

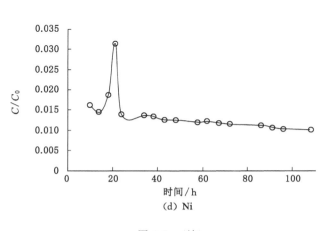

(d) Ni

图 6-7 （续）

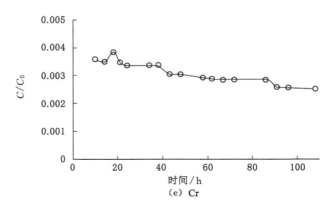

（e）Cr

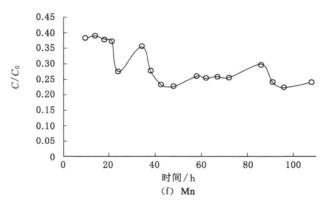

（f）Mn

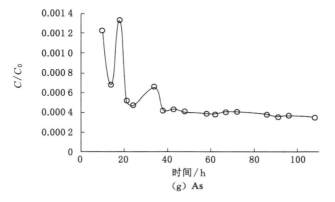

（g）As

图 6-7 （续）

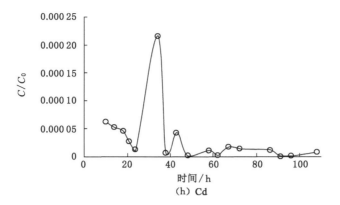

（h）Cd

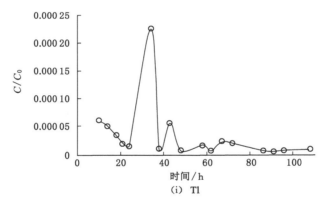

（i）Tl

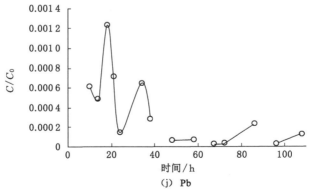

（j）Pb

图 6-7 （续）

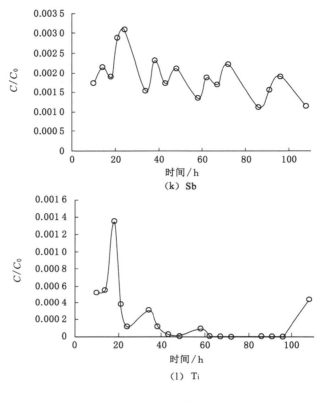

（k）Sb

（l）Ti

图 6-7 （续）

从图 6-7 可以看出，实验初期，土壤中游离态重金属随淋滤液流出，造成出水中重金属浓度升高，实验后期出水中重金属浓度逐渐趋于平衡。重金属元素在实验周期内并未出现穿透现象，土壤对大部分重金属主要以吸附为主，土层对不同重金属吸附能力从大到小依次为 Fe＞Cd＞Tl＞Ti＞Pb＞As＞Sb＞Cr＞Ni＞Mn＞Zn＞Cu。Zn、Cu 浓度均出现了较原水中对应重金属浓度大的现象，说明土壤中Zn、Cu 均发生了淋滤迁移和溶出。其中 Zn 的浓度波动变化较大，而 Cu 的浓度则相对稳定，变化较小，说明土壤中 Zn 的吸附-解吸行为更加频繁。从淋滤液出水中Fe 浓度的变化规律可以看出，与垃圾渗滤液淋滤相似，仅在实验初期有少量 Fe 存在，实验后期，淋滤液出水中未检测出 Fe，形成这种变化的原因可能是研究区域土壤中胶体等对 Fe 的吸附较强，Fe 进入土壤后发生吸附、络合作用，被截留在土层中，仅少量游离态 Fe 在实验初期随淋滤液流出。

实验室配水中重金属在土柱淋滤液中的超标变化规律见图 6-8。

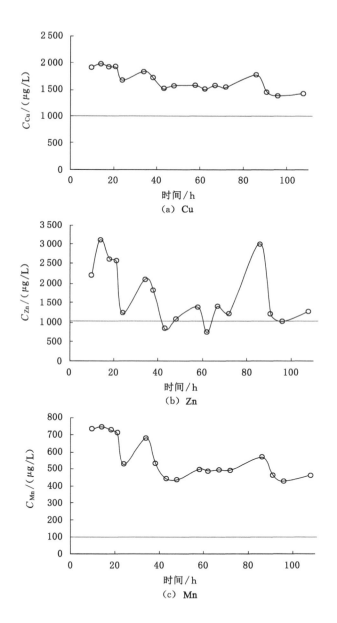

图 6-8 实验室配水中重金属在土柱淋滤液中的超标变化规律

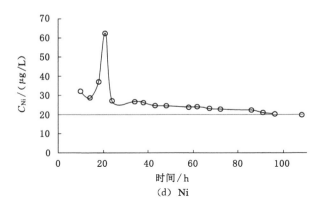

（d）Ni

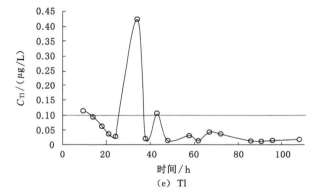

（e）Tl

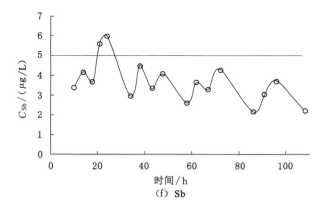

（f）Sb

图 6-8 （续）

对照《地表水环境质量标准》(GB 3838—2002)中地表水Ⅲ类水标准限值,淋滤液出水中 Cu、Zn、Mn、Ni、Tl、Sb 等均超出地表水环境质量标准限值,与垃圾渗滤液淋滤实验结果类似,说明土壤中含有的可溶态 Cu、Zn、Mn、Ni、Tl、Sb 等浓度较高,更容易随地下水的流动发生迁移,而影响周围水体环境。

6.2.3 实验室配水与垃圾渗滤液中重金属在土壤中迁移对比分析

实验室配水与垃圾渗滤液中重金属在土壤中迁移对比情况见图 6-9。结合表 6-3 和表 6-4 进行分析,土层对垃圾渗滤液中重金属的吸附能力更强,特别是 Cr、Mn、Ni、Zn、Cu、As 等重金属元素,垃圾渗滤液实验土柱出水浓度明显低于实验室配水实验土柱出水浓度。这一结果的形成可能受两方面因素影响:一方面,与垃圾渗滤液相比,实验室配水中重金属元素浓度相对较高,受土壤胶体的吸附、解吸速率的影响,实验室配水中重金属更容易在土层中不断迁移;另一方面,受土壤胶体离子交换能力的影响,实验室配水中 Fe 等元素相对更容易被土壤胶体吸附,并且置换出其他离子。

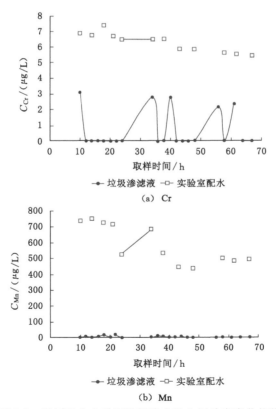

图 6-9 不同进水水质下淋滤液中重金属浓度变化规律

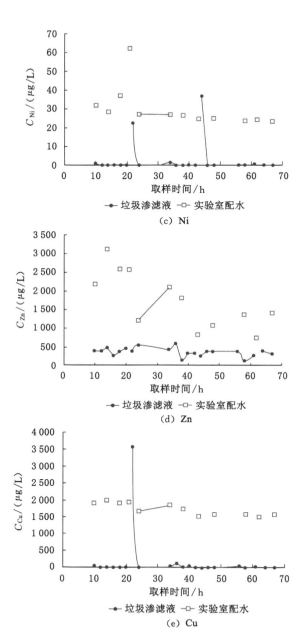

(c) Ni

(d) Zn

(e) Cu

图 6-9 （续）

垃圾填埋场地下水金属和有机污染特征及监控预警技术

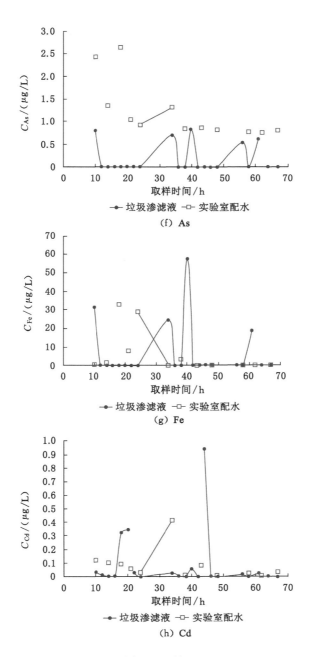

（f）As

（g）Fe

（h）Cd

图 6-9 （续）

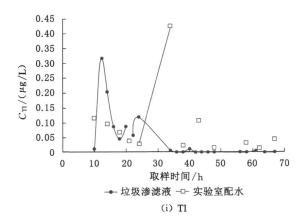

（i）Tl

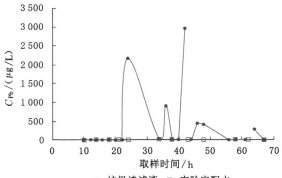

（j）Pb

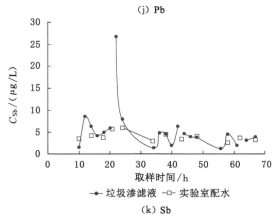

（k）Sb

图 6-9 （续）

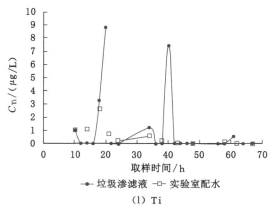

（1）Ti

图 6-9　（续）

6.3　本章小结

本章通过室内土柱模拟实验分析了渗滤液中典型有机污染物和重金属元素在土层中的运移规律,结果表明:

（1）垃圾填埋场附近土壤对渗滤液中的邻苯二甲酸二正丁酯具有更强的吸附能力,而对邻苯二甲酸二乙基己基酯的吸附能力较弱。

（2）在实验周期内,渗滤液中碱(土)金属元素并未发生穿透现象,出水中碱(土)金属元素主要来源于土壤中本身碱(土)金属元素的淋滤,受浓度差的影响,土壤胶体中吸附的 Ca 更容易被 Na 和 K 取代而发生脱附,进入水体中。此外,填埋场新覆土具有较高的可交换态阳离子浓度,出水中碱(土)金属元素的浓度相对较高。

（3）渗滤液中重金属在实验周期内并未出现穿透现象,仅土层中部分水溶性重金属随出水被淋滤出来。Tl、As、Cr、Fe 等重金属元素大部分被土层吸附截留,最高吸附率分别为 99.8%、99.6%、99.4%、99.1%,说明这些元素在短时间内不会进入地下水体并发生迁移。与实验室配水实验相比,垃圾渗滤液本身含有的一些元素使土层对其重金属的吸附能力更强。值得注意的是,区域土壤中 Tl、Sb 两种元素的背景值较高,可能经淋滤进入水体,污染区域地下水环境。

第7章　垃圾渗滤液典型污染物在土壤-地下水中迁移的数值模拟

本章采用 Hydrus-1D 和 Visual Modflow 系统模拟研究垃圾渗滤液典型污染物在松散层中的垂直入渗特征和在地下水中的迁移扩散特征。

7.1　睢宁县生活垃圾无害化填埋场水文地质条件

根据勘察资料,睢宁县生活垃圾无害化填埋场场区地势不平坦,地面绝对高程为 19.49～20.98 m,地表相对高差为 1.49 m。

按其沉积年代及物理力学性质的差异,共划分出 4 个主要土层。层 A 为近期人工回填的生活垃圾,工程性质较差;层 1～2 为第四纪全新世(Q_4)新近沉积土,工程性质较差;层 3 为第四纪全新世(Q_4)一般沉积土,工程性质一般;层 4～6 为第四纪晚更新世(Q_3)老堆积土,工程性质较好。现将各土层分布详细情况分述如下(图 7-1、图 7-2)。

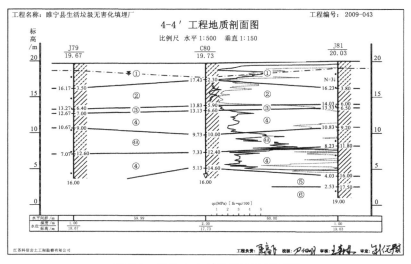

图 7-1　场地内 4-4′工程地质剖面图

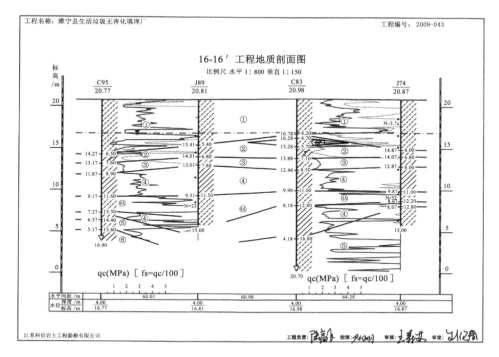

图 7-2　场地内 16-16′工程地质剖面图

层 A 填土:杂色,主要为近期回填的生活垃圾。

层 1 粉土:浅黄色~灰色,很湿,稍密。土质均匀,含少量云母片,切面无光泽反应,摇震反应迅速。

层 2 淤泥质黏土:浅灰色,流塑。土质均匀,切面光滑,干强度中等,韧性中等。

层 2A 粉土:灰色,很湿,稍密。土质均匀,切面无光泽反应,摇震反应迅速。

层 3 粉质黏土:青灰色,可塑。土质均匀,切面稍光滑,干强度中等,韧性中等,本层为标志层。

层 4 黏土:褐黄色,可~硬塑。土质均匀,含少量砂礓,切面光滑,干强度高,韧性高。

层 4A 粉土:黄色,很湿,密实。土质均匀,含少量云母片,切面无光泽反应,摇震反应迅速。

层 4B 黏土:可塑。土质均匀,偏软。仅在 C75 孔揭露。

层 5 粉土:黄色,很湿,中密。土质均匀,含少量云母片,切面无光泽反应,摇震反应迅速。

层 6 黏土:棕黄色,硬塑。土质均匀,含少量砂礓,切面光滑,干强度高,韧性高。本层未揭穿。

　　该场地地下水类型为潜水及弱承压水,主要赋存于层 1、层 2A、层 4A 及层 5 粉土中,主要受大气降水及地表水补给。地下水位随季节变化幅度为 1.00 m 左右。常年稳定水位埋深约为 4.00 m。

7.2　典型污染物在松散层中的垂向迁移规律研究

　　根据《睢宁县生活垃圾无害化填埋场岩土工程勘察报告书》可知,场地地下水类型为潜水及弱承压水,主要赋存于层 1、层 2A、层 4A 及层 5 粉土中。根据设计,该垃圾填埋场以层 3 为基底,填埋场范围内层 3 之上的土层将会被剥离,因此污染物主要垂向入渗层 3 以下的含水层。为判断垃圾渗滤液沿层 3、层 4 黏土中的迁移对层 4A、层 5 含水层的影响,采用 Hydrus-1D 软件建立垂向入渗模型。Hydrus-1D 是美国岩土实验室研发的能够模拟土壤、包气带、松散层等介质中水分运动、溶质运移的数值模拟软件,经过不断的修正与更新,已获得国内外研究学者的广泛认可。本节将根据室内土柱下渗实验,建立垃圾渗滤液垂向入渗模型,模拟判断不做防渗和防渗处理情况下垃圾渗滤液在层 3、层 4 黏土层的垂向迁移规律,研究其对层 4A、层 5 含水层的影响。

7.2.1　水流与溶质运移数学模型

7.2.1.1　水流运动模型

　　经典的 Richards 方程一般用来描述非饱和介质中的一维水流模型。其中热梯度引起的水流运动一般可忽略不计,具体方程如下:

$$C(h)\frac{\partial h}{\partial t}=\frac{\partial}{\partial x}\left[K\left(\frac{\partial h}{\partial x}-1\right)\right]$$

$$C(h)=\frac{\mathrm{d}\theta}{\mathrm{d}h}$$

式中:$C(h)$ 为比水容重,1/L;θ 为体积含水量,L^3/L^3;t 为时间,d;h 是水头压,m;K 为水力传导系数,m/d。其中:

$$K=\begin{cases}K_s S_e^l\left\{\frac{1}{2}\mathrm{erfc}\left[\frac{\ln(h/\alpha)}{\sqrt{2}n}+n\right]\right\}^2\\K_s\end{cases}$$

$$S_e=\frac{\theta-\theta_r}{\theta_s-\theta_r}$$

式中:K_s 为饱和水力传导系数,m/d;l 为孔隙连通系数,取值 0.5;α 为土壤水分特征参数,1/m;n 为土壤水分特征指数;S_e 为有效饱和度;θ_r 为残留体积含水量,m^3/m^3;θ_s 为饱和体积含水量,m^3/m^3。

7.2.1.2 溶质运移模型

溶质在土壤松散层中稳定流条件下的一维迁移方程可用对流-弥散方程来表示:

$$\frac{\partial C}{\partial t} = D\frac{\partial^2 C}{\partial x^2} - v\frac{\partial C}{\partial x}$$

初始条件:$C(x,t)=0$;$x \geq 0$,$t=0$。

边界条件:$\dfrac{\partial h(x,t)}{\partial x}=0$;$x=L$,$t>0$。

解析解近似表达公式为:

$$\frac{C_e(t)}{C_0} = \frac{1}{2}\mathrm{erfc}\left[\frac{RL-vt}{2(DRr)^{\frac{1}{2}}}\right] + \frac{1}{2}\exp\left(\frac{vL}{D}\right)\mathrm{erfc}\left[\frac{RL+vt}{2(DRr)^{\frac{1}{2}}}\right]$$

式中:C_e 为渗出溶质质量浓度,mg/L;C_0 为入渗溶质质量浓度,mg/L;L 为上覆土壤下边界,m;D 为弥散系数,m^2/s;v 为水流速度,m/s;R 为距污染注入点的距离,m;r 为半径,m。

7.2.1.3 模型参数选取

根据柱内填充土壤介质及 Hydrus-1D 中的神经网络预测功能,调整各岩性组分的百分比组成,分析推测得出水分在黏土与粉质黏土层中的特征参数,见表7-1。

表7-1 特征参数赋值表

岩性	$\theta_r/(m^3/m^3)$	$\theta_s/(m^3/m^3)$	$\alpha/(1/m)$	n	$K_s/(m/d)$	l
粉质黏土	0.074	0.355	0.5	1.09	0.05	0.5
黏土	0.053	0.332	0.4	1.01	0.02	0.5

以邻苯二甲酸二乙基己基酯和邻苯二甲酸二正丁酯为研究对象,认为土壤介质与其发生线性吸附,土壤松散层中不同岩性对二者的吸附能力也不同。通常来说,吸附能力的大小与分配系数 K_d 值成正比关系,分配系数越大,吸附能力越强,则研究对象在该岩性土壤中越难迁移。根据相关文献查阅可得二者性质基本相似,各岩性土壤的分配系数见表7-2。

表7-2 各岩性土壤分配系数

岩性	粉质黏土	黏土
$K_d/(\times 10^{-7}\ m^3/g)$	3.55	4.78

弥散系数是 Hydrus-1D 溶质运移中的主要参数,邻苯二甲酸二乙基己基酯

和邻苯二甲酸二正丁酯的弥散系数 D 取值 0.002 m²/d；土壤垂向上下渗流速，根据实验数据选取，粉质黏土和黏土中分别取 0.000 2 m/d 与 0.000 6 m/d。以上参数在模拟过程中拟合调整。

7.2.2　典型污染物在松散层中垂向迁移的模拟

7.2.2.1　边界条件

睢宁垃圾填埋场垃圾渗滤液产生量约为 60 m³/d。根据垃圾渗滤液实际监测结果，取模型上边界 DEHP 值为 160 μg/L，DBP 值为 90 μg/L，且在填埋场垃圾渗滤液中二者持续下渗，故一直处于饱水状态。下边界选取零浓度梯度边界，运行时间为 1 825 d。模拟分为不做防渗处理和做防渗处理 2 种情况，其中防渗层厚度为 1 m，垂向渗透系数为 10^{-9} cm/s。DEHP 和 DBP 在防渗层、层 3 粉质黏土、层 4 黏土的迁移过程中不考虑生物降解作用。

7.2.2.2　模型节点与监测点设定

运用 Hydrus-1D 的 Soil Discretization 功能对柱内土层进行等距节点剖分。不做防渗处理条件下，层 3 粉质黏土层厚度为 94 cm，层 4 黏土层厚度为 558 cm，每层分区以 4 cm 作为一个单元节点，共分为 163 个节点，在每层岩性中设置观测点以观察每层岩性中污染物的变化规律。做防渗处理条件下，防渗层、层 3 粉质黏土层、层 4 黏土层厚度分别为 100 cm、94 cm 和 558 cm，每层分区以 4 cm 作为一个单元节点，共分为 188 个节点，分别在防渗层、层 3、层 4 底部设置观测点以观察每层岩性中污染物的变化规律，共计 3 个观测点。具体见图 7-3 和图 7-4。

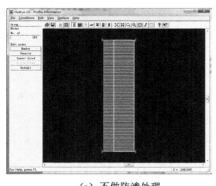

（a）不做防渗处理　　　　　　　（b）做防渗处理

图 7-3　土柱节点剖分图

7.2.2.3　岩性划分及模型参数选取

根据填充土壤的组成特征，运用 Material Distribution 功能进行岩性划分，

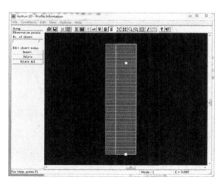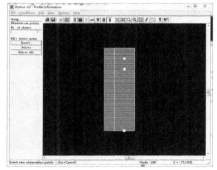

（a）不做防渗处理　　　　　　　　　　（b）做防渗处理

图 7-4　土柱观测点分布图

自上而下设置岩性编号并输入该层岩性厚度,分别为粉质黏土和黏土。如图 7-5 所示。

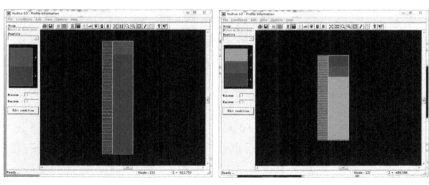

（a）不做防渗处理　　　　　　　　　　（b）做防渗处理

图 7-5　土柱岩性划分

根据柱内填充土壤介质及 Hydrus-1D 中的神经网络预测功能,调整各岩性组分的百分比组成,分析推测得出水分在粉质黏土与黏土层中的特征参数,粉质黏土和黏土的 θ_r、θ_s、α、n、K_s、l 分别为 0.074 m³/m³、0.355 m³/m³、0.5 1/m、1.09、0.05 m/d、0.5 和 0.053 m³/m³、0.332 m³/m³、0.4 1/m、1.01、0.02 m/d、0.5。假定 DEHP、DBP 在土壤介质上以线性吸附为主,通常土壤吸附能力的大小与 DEHP、DBP 分配系数 K_d 值成正比关系,分配系数越大,吸附能力越强,其在土壤中的迁移能力越弱,二者在粉质黏土和黏土中的分配系数分别为 3.55×10^{-7} m³/g 和 4.78×10^{-7} m³/g。弥散系数是 Hydrus-1D 溶质运移中的主要参数,DEHP 和 DBP

的弥散系数 D 取值为 0.002 m^2/d,在粉质黏土和黏土中的垂向渗透系数分别为 0.000 2 m/d 与 0.000 6 m/d。

7.2.3 模拟结果分析

将 Hydrus-1D 模型所需参数分别赋值后,分别设定 DEHP 和 DBP 为模拟污染物,根据实际降雨情况,设定上边界为浓度通量边界,初始浓度分别为 160 μg/L 和 90 μg/L,初始下边界选取为零浓度梯度边界,模拟周期选取 1 825 d,使模型结果处于稳定状态。模拟过程中,降雨量按照徐州市 2000—2010 年逐月平均降雨量输入,如图 7-6 所示。运行模型得到不同时间各观测点污染物的浓度变化值,层 4 底部渗出液中 DEHP 与 DBP 浓度结果如图 7-7 所示。

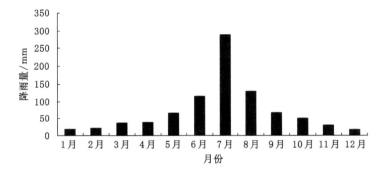

图 7-6 徐州市 2000—2010 年逐月平均降雨量

从图 7-7 可知,松散层土壤经大气降水淋滤作用,土层底部渗出液中 DEHP、DBP 浓度前期快速增长、后期趋于稳定。不做防渗处理条件下,层 4 底部渗出液中 DEHP 浓度在 390 d 左右趋于稳定,约为 200 μg/L,DBP 浓度在 330 d 趋于稳定,约为 115 μg/L;1 825 d 后渗出液中 DEHP、DBP 浓度分别为 205 μg/L、120 μg/L,高于初始质量浓度,这主要是由于黏土层对污染物吸附蓄积作用所致。做防渗处理条件下,层 4 底部渗出液中 DEHP 浓度在 660 d 趋于稳定,约为 5.18 μg/L,DBP 浓度在 690 d 趋于稳定,约为 1.90 μg/L;模拟期末 DEHP、DBP 在渗出液中的质量浓度分别为 5.17 μg/L、1.89 μg/L。综上,做防渗处理情况下层 4 渗出液中 DEHP 浓度稳定时间是不做防渗处理时的 1.7 倍,渗出浓度是不做防渗处理的 2.5%;DBP 浓度稳定时间是不做防渗处理时的 2.1 倍,渗出浓度是不做防渗处理的 1.6%。可见由于防渗层的防护作用以及土壤吸附作用,污染物渗出浓度明显降低。但由于垃圾填埋场下常年稳定水位埋深约为 4.00 m,地下水位随季节变化幅度为 1.00 m 左右,因此垃圾渗滤液在垂向上将渗透层 3 粉质黏土层与层 4 黏土层,进入含水层,造成地下水污染。

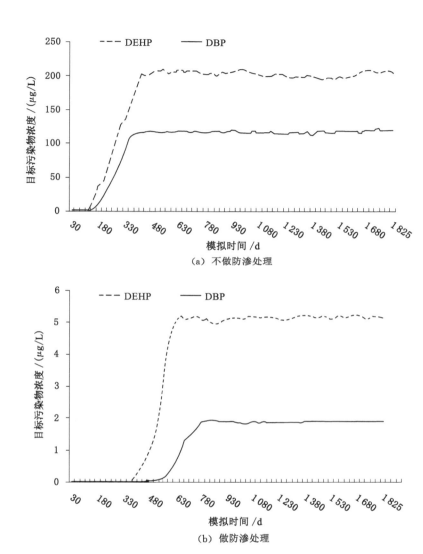

图 7-7　层 4 底部渗出液中 DEHP 与 DBP 浓度变化曲线

7.3　地下水中重金属及有机污染物迁移演化数值模拟研究

7.3.1　数值模拟软件及技术路线

数值模拟是研究地下水污染物迁移的有效工具，尤其在水文地质条件较为复杂的地区有无法替代的优势，其尺度使用范围较广，利用水流模型并耦合吸附、化学反应等情况可以收到精度较好的模拟效果。

当前比较主流的地下水数值计算方法主要有两种：有限单元法和有限差分法。此次研究采用的是有限差分软件 Visual Modflow 4.2 中的水流模拟模块 USGS Modflow 2000 及溶质运移模拟模块 MT3DMS5.1。

地下水中污染物迁移数值模拟是建立在正确的地下水动力学模型的基础上的，通过在 MT3DMS 中建立污染物的源汇项、边界条件、物理和化学反应等模型输出模型结果。其中，正确的地下水动力学模型至关重要。

地下水动力学模型俗称水流模型，是在对研究区的水文地质、地质条件有充分理解的基础上进行概化，选择正确的数学模型进行求解，然后利用充分的观测资料多次校准水文地质参数、边界条件等，得到更加准确的地下水动力学模型。

数值模拟的技术路线见图 7-8。

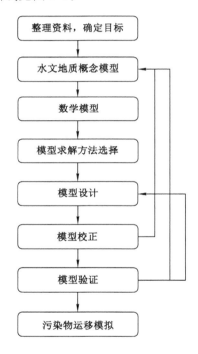

图 7-8　数值模拟的技术路线

7.3.2　研究范围

因场区南侧的土山村及东侧的牌坊村为敏感点，故将研究区范围相应扩大，长为 1 017 m，宽为 702 m，面积为 713 934 m²。场区西侧有一条宽约 18 m 的河沟由东南向西北横穿研究区（图 7-9）。

图 7-9　研究区卫星图

7.3.3　水文地质概念模型

7.3.3.1　地质及水文地质条件

场地内Ⅰ区 A 单元及Ⅰ区 B 单元区域已经填埋垃圾,基底高程低于地表约 7 m,基底及边坡已做防渗处理,如图 7-10 所示。

根据勘察资料及区域地质、水文地质资料,研究区自然高程取 20 m,研究范围内 16 m 深度以内的地质层概化为 6 层,从上至下依次为粉土(厚度 4 m)、粉质黏土(厚度 3 m)、粉土(厚度 1 m)、粉质黏土(厚度 2 m)、粉土(厚度 3 m)、粉质黏土(3 m),地下水赋存在 3 个粉土层中。填埋场Ⅰ区 A 单元及Ⅰ区 B 单元由于地势低于自然地坪 7 m,通过插值赋值使其更符合实际情况(图 7-11)。因Ⅰ区 A 单元及Ⅰ区 B 单元基底及边坡均做了防渗处理,因此将其厚度 1 m 内的地层渗透系数均赋值 10^{-9} cm/s(图 7-12)。

7.3.3.2　边界条件及源汇项

将研究区北边界概化为第二类流量边界,南边界概化为定水头边界,区内河流概化为河流边界,研究区接受降水入渗补给与河流入渗补给,排泄方式为侧向流出和 3# 井的开采,如图 7-13 所示。

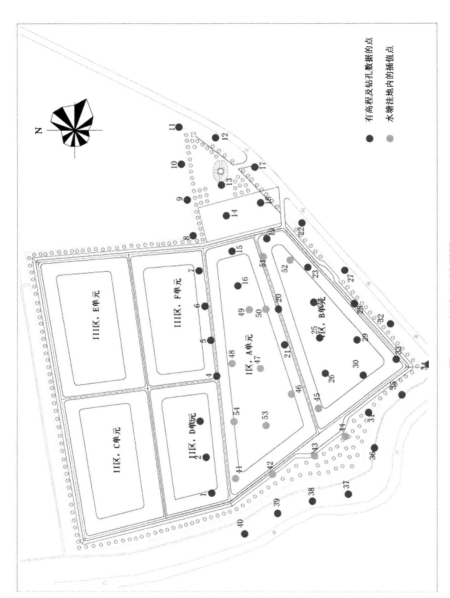

图 7-10 场地平面布置图

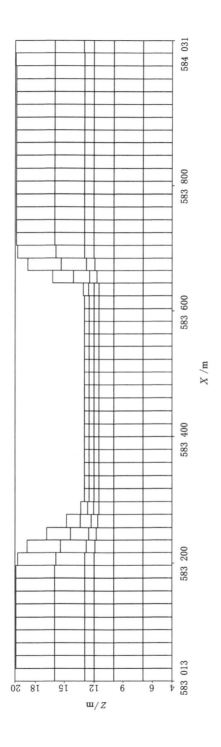

图 7-11 数值模型中地层概化剖面图

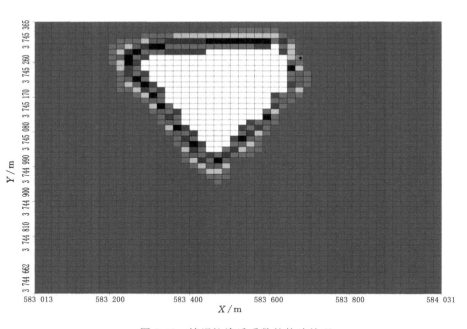

图 7-12　填埋坑渗透系数的特殊处理

图 7-13　边界条件概化图

7.3.4 污染物溶质运移模型

溶质运移模型采用 MT3DMS 模块建模，模拟时间是 6 000 d，模拟的对象是研究区内汞、甲苯、邻苯二甲酸二异丁酯、邻苯二甲酸二正丁酯、砷、总铬共 6 种物质。模型假设 6 种物质具有各自的迁移特性，相互之间不发生任何化学反应，亦不与其他任何介质发生化学反应，但在土壤环境可进行线性等温吸附。

7.3.5 数值模拟

7.3.5.1 数学模型

（1）地下水动力学模型

假定研究区为非均质各向异性，则三维地下水流非稳定运动的数学模型可表示为：

$$\begin{cases} \mu \dfrac{\partial h}{\partial t} = \dfrac{\partial}{\partial x}\left(K_x \dfrac{\partial h}{\partial x}\right) + \dfrac{\partial}{\partial y}\left(K_y \dfrac{\partial h}{\partial y}\right) + \dfrac{\partial}{\partial z}\left(K_z \dfrac{\partial h}{\partial z}\right) + \varepsilon,\ x,y,z \in \Omega,\ t \geqslant 0 \\ h(x,y,z,t)\big|_{t=0} = h_0,\ x,y,z \in \Omega,\ t \geqslant 0 \\ K_n \dfrac{\partial h}{\partial n}\Big|_{\Gamma_1} = q(x,y,z,t),\ x,y,z \in \Gamma_1,\ t \geqslant 0 \end{cases}$$

式中：Ω 为渗流区域；h 为含水层的水位标高，m；K_x、K_y、K_z 分别为 x、y、z 方向的渗透系数，m/d；μ 为潜水含水层中潜水面上的重力给水度；ε 为含水层的源汇项，1/d；h_0 为含水层的初始水位分布，m；Γ_1 为渗流区域的一类边界，包括承压含水层底部隔水边界和渗流区域的侧向流量或隔水边界；n 为边界面的法向方向；K_n 为边界面法向方向的渗透系数，m/d；$q(x,y,z,t)$ 为定义为一类边界的单位面积流量，m³/（d·m²），流入为正、流出为负、隔水边界为 0。

（2）溶质运移模型

溶质在地下水中的运移符合 Fick 定律，数学模型由地下水水流模型和溶质运移模型通过运动方程耦合而成，即：

$$\begin{cases} \dfrac{\partial c}{\partial t} = \dfrac{\partial}{\partial x}\left(D_x \dfrac{\partial c}{\partial x}\right) + \dfrac{\partial}{\partial y}\left(D_y \dfrac{\partial c}{\partial y}\right) + \dfrac{\partial}{\partial z}\left(D_z \dfrac{\partial c}{\partial z}\right) - \\ \qquad u_x \dfrac{\partial c}{\partial x} - u_y \dfrac{\partial c}{\partial y} - u_z \dfrac{\partial c}{\partial z} - R \dfrac{\partial c}{\partial t} + I,\ x,y,z \in \Omega,\ t \geqslant 0 \\ c(x,y,z,t)\big|_{t=0} = c_0,\ x,y,z \in \Omega,\ t \geqslant 0 \\ c = c_1,\ x,y,z \in \Gamma_1,\ t \geqslant 0 \\ K_n \dfrac{\partial c}{\partial n}\Big|_{\Gamma_2} = c(x,y,t),\ x,y,z \in \Gamma_2,\ t \geqslant 0 \end{cases}$$

式中：D_x、D_y、D_z 分别为 x、y、z 方向的弥散系数；u_x、u_y、u_z 分别为 x、y、z 方向的流速分量；c 为溶质浓度；R 为吸附系数；I 为溶质源汇项；Γ_2 为渗流区域的二类边界。方程右端前三项表示弥散效应引起的溶质运动，中间三项为水流驱动因素，倒数第二项为吸附项。

7.3.5.2　参数选取

（1）地下水动力学模型参数

① 渗透系数

根据勘察报告中的室内试验资料，对模型中垂向上 6 个地层（由地表起至 16 m）分别赋予不同的渗透系数（表 7-3），填埋坑处 1 m 内地层的渗透系数全部赋值为 10^{-9} cm/s。

表 7-3　模型渗透系数

地层（由上至下）	厚度/m	K_x/(cm/s)	K_y/(cm/s)	K_z/(cm/s)
第一层	4	2.03×10^{-4}	2.03×10^{-4}	1.90×10^{-4}
第二层	3	5.62×10^{-6}	5.62×10^{-6}	4.56×10^{-6}
第三层	1	2.04×10^{-4}	2.04×10^{-4}	1.53×10^{-4}
第四层	2	2.34×10^{-7}	2.34×10^{-7}	2.80×10^{-7}
第五层	3	1.08×10^{-4}	1.08×10^{-4}	1.62×10^{-4}
第六层	3	7.86×10^{-7}	7.86×10^{-7}	8.37×10^{-7}

② 降水入渗系数

填埋区降水入渗系数为 1×10^{-10}，其他区域为 1×10^{-7}。

③ 河流

河流宽度为 18 m，水位高程为 18 m，河床顶板高程为 16.5 m，河床垂向入渗速率为 1×10^{-5} cm/s。

④ 定水头边界

由上至下，3 个含水层定水头分别赋值 17.0 m、16.8 m、16.5 m。

⑤ 抽水井

抽水量为 4 m³/d，持续 6 000 d。

（2）溶质运移模型参数

① 弥散度

Makuch 综合了其他人的研究成果，对不同岩性和不同尺度条件下介质的弥散度大小进行了统计,获得了污染物在不同岩性中迁移的纵向弥散度,并发现存在尺度效应现象(图 7-14)。对评价范围内的潜水含水层,纵向弥散度取 15 m,横向弥散度取 0.15 m,垂向弥散度取 0.015 m。

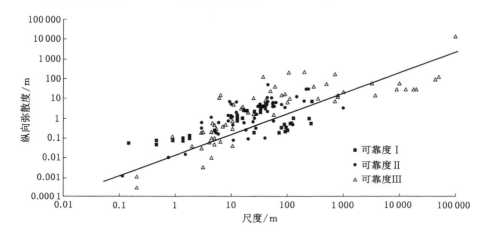

图 7-14　松散沉积物的纵向弥散度与研究区域尺度的关系

② 分配系数

根据室内实验研究结果,分配系数 K_d 取 1×10^{-8} m³/g。

7.3.5.3　初始条件

(1)初始水位

初始水位采用 2014 年 7 月统测水位,校核水位采用 2015 年 1 月水位。

(2)初始浓度

初始浓度采用 2015 年 1 月采样检测浓度,各污染物浓度等值线分布如图 7-15~图 7-21 所示。

7.3.5.4　水流模拟

稳定流模型模拟的水流结果如图 7-22~图 7-24 所示。在第一层粉土含水层中井周围地下水位下降到了含水底板以下,区内地下水接受河水补给,并在此处形成分水岭,分水岭东北侧水流向抽水井,分水岭西南侧水流向西南。

7.3.5.5　重金属 MT3DMS 数值模拟结果

地下水中汞、砷、总铬的浓度随时间变化的数值模拟结果见图 7-25~图 7-53。汞给出了二维分层浓度等值线图、二维垂向等值线图、三维等值面图,砷、总铬仅给出了三维等值面图。

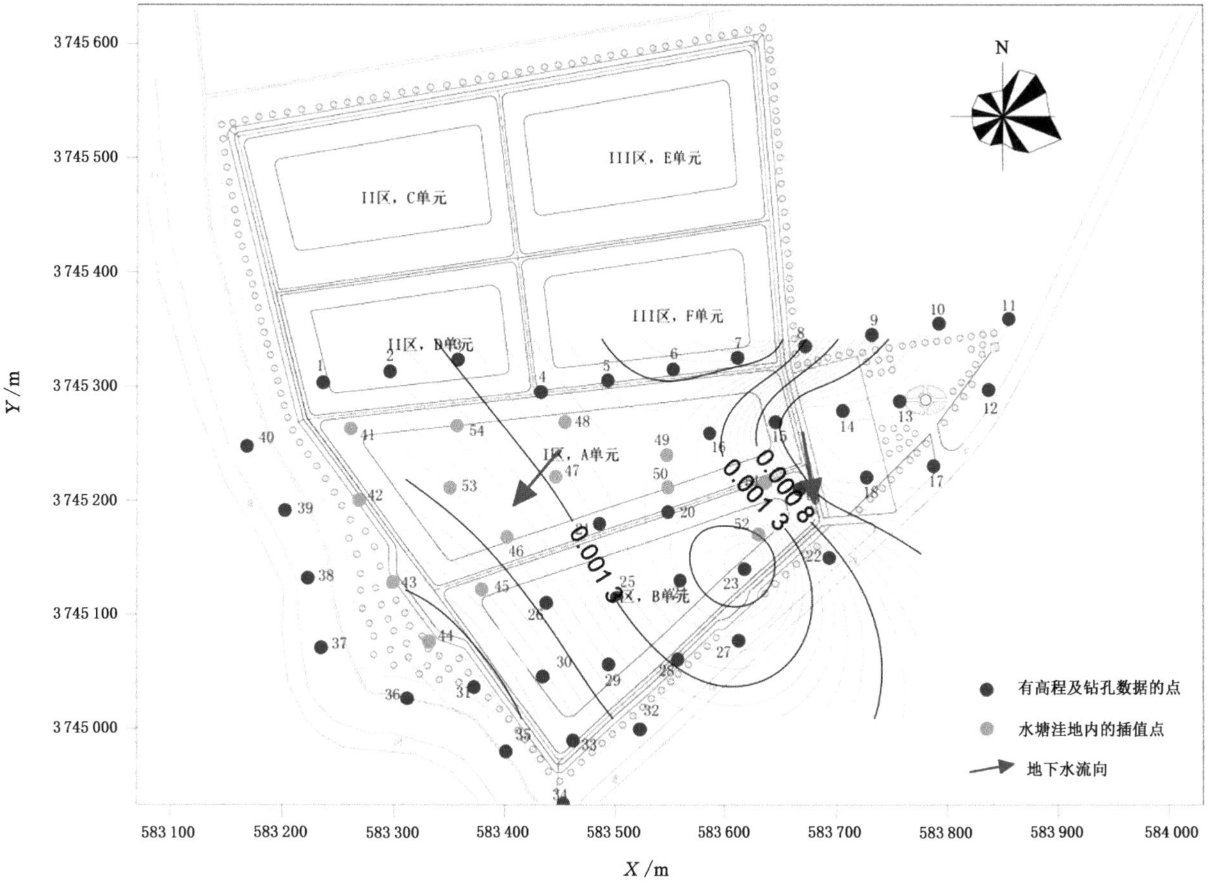

图 7-15　地下水中汞浓度等值线分布图（单位：mg/L）

垃圾填埋场地下水金属和有机污染特征及监控预警技术

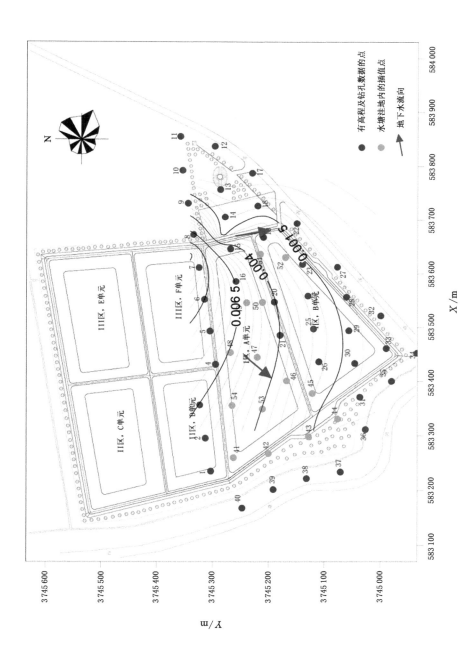

图 7-16 地下水中砷浓度等值线分布图（单位：mg/L）

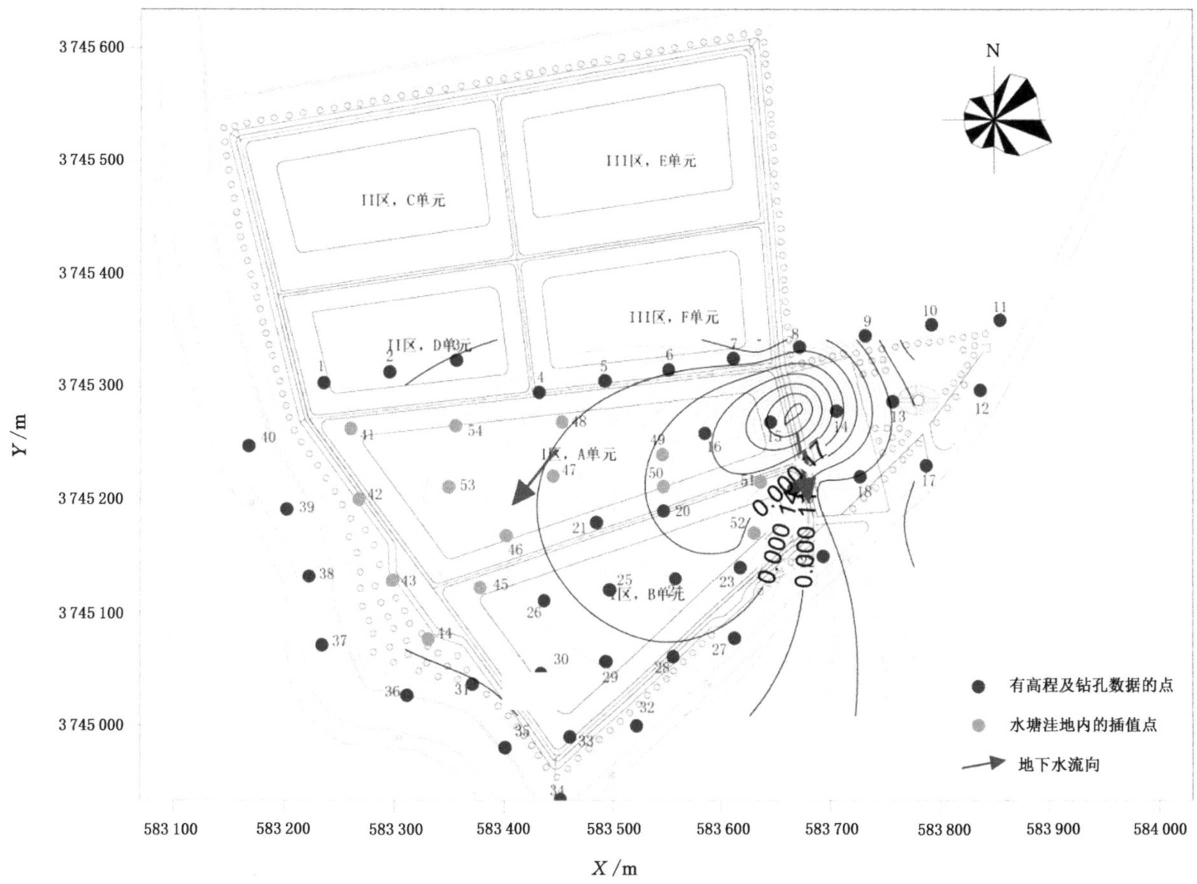

图 7-17　地下水中总铬浓度等值线分布图（单位：mg/L）

垃圾填埋场地下水金属和有机污染特征及监控预警技术

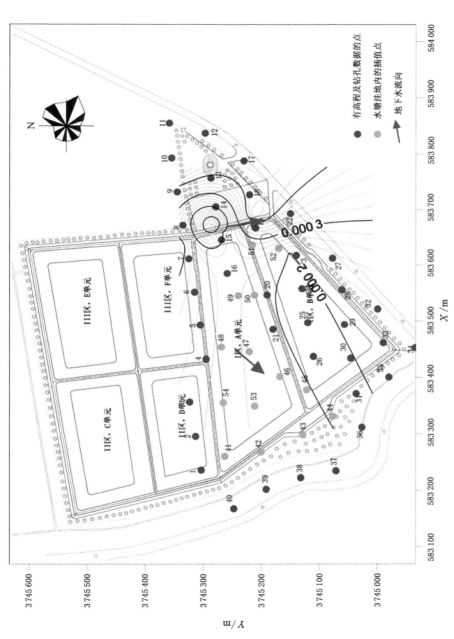

图 7-18　地下水中甲苯浓度等值线分布图（单位：mg/L）

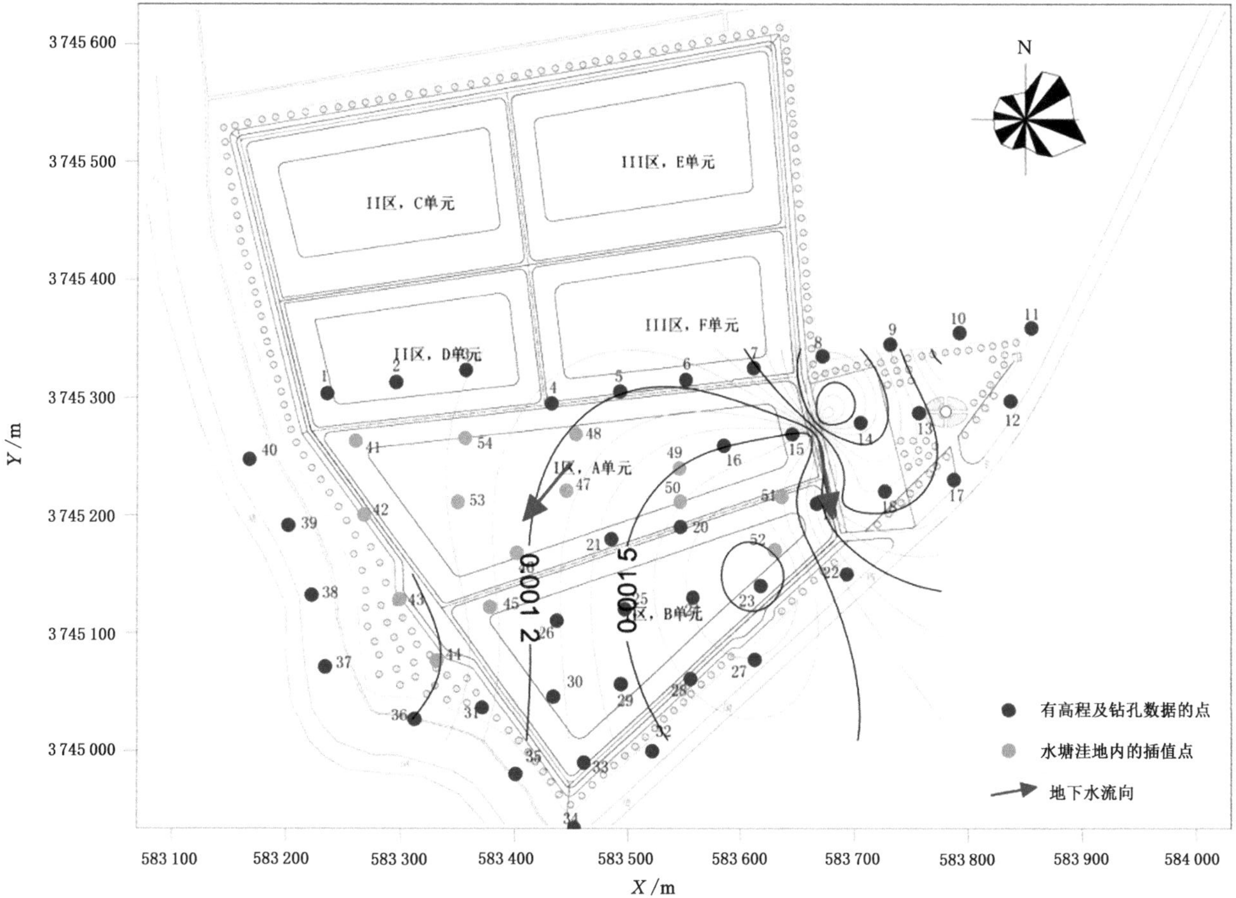

图 7-19 地下水中邻苯二甲酸二正丁酯浓度等值线分布图（单位：mg/L）

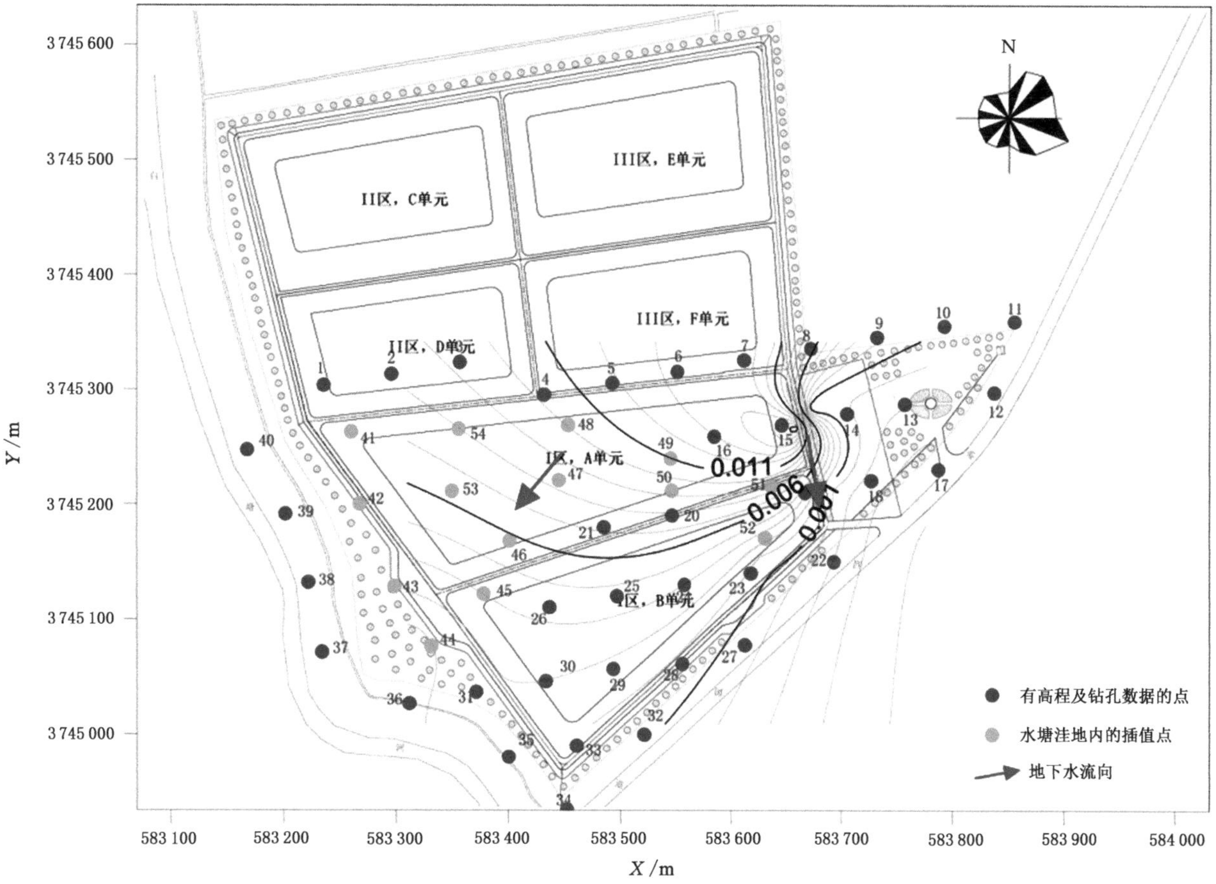

图 7-20　地下水中邻苯二甲酸二异丁酯浓度等值线分布图（单位：mg/L）

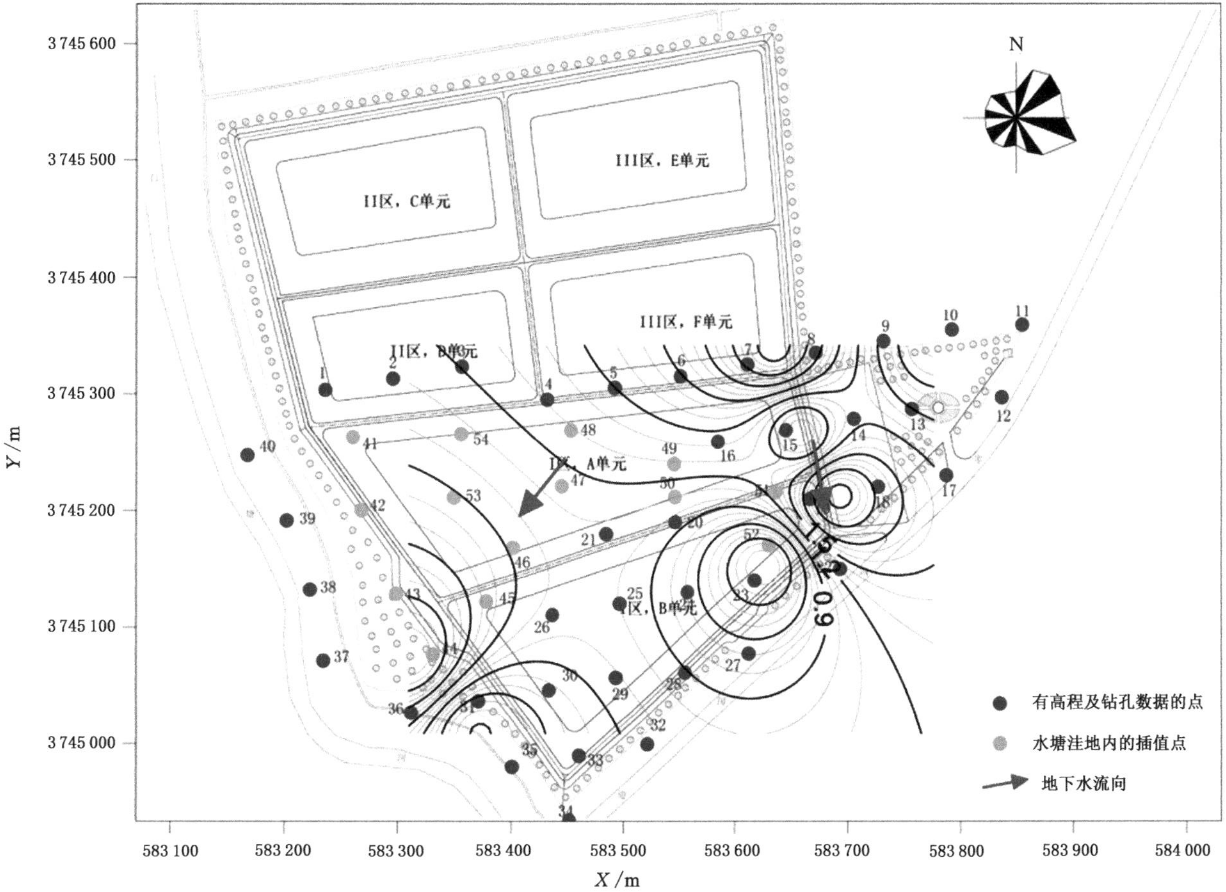

图 7-21 地下水中邻苯二甲酸二乙基己基酯浓度等值线分布图（单位：mg/L）

垃圾填埋场地下水金属和有机污染特征及监控预警技术

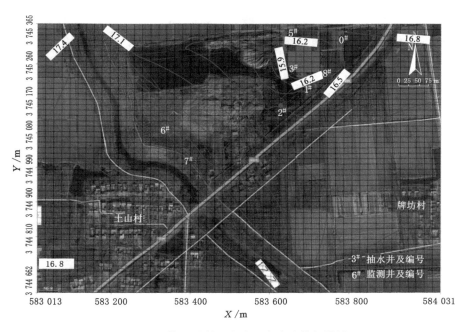

图 7-22　第一层粉土含水层中水流模拟结果

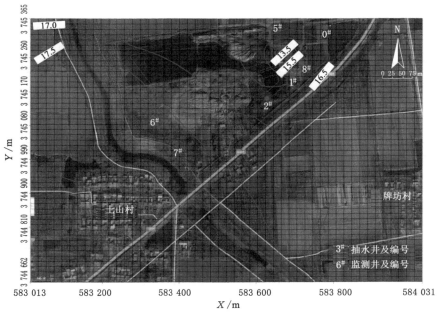

图 7-23　第三层粉土含水层中水流模拟结果

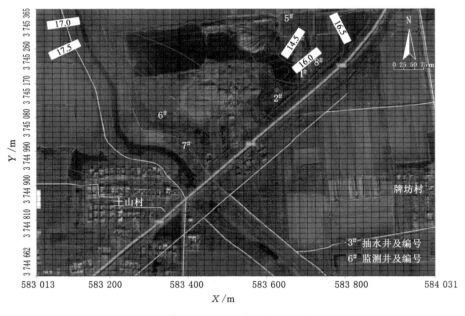

图 7-24　第五层粉土含水层中水流模拟结果

（1）汞（图 7-25～图 7-45）

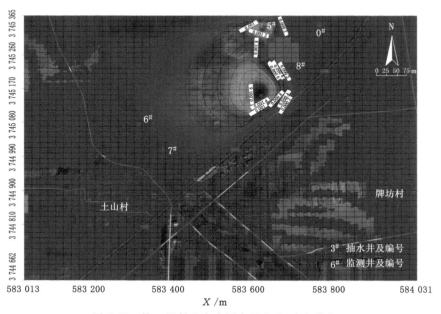

图 7-25　第一层粉土含水层中汞在 80 d 内分布

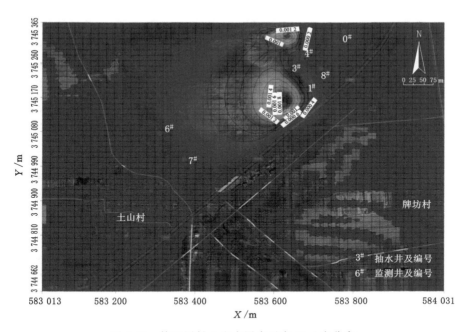

图 7-26　第三层粉土含水层中汞在 80 d 内分布

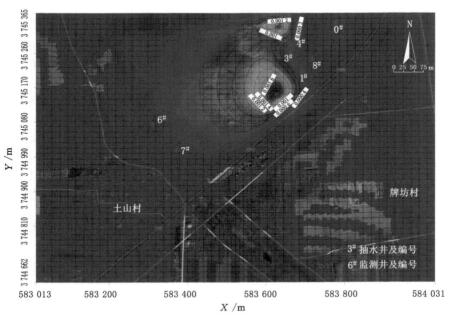

图 7-27　第五层粉土含水层中汞在 80 d 内分布

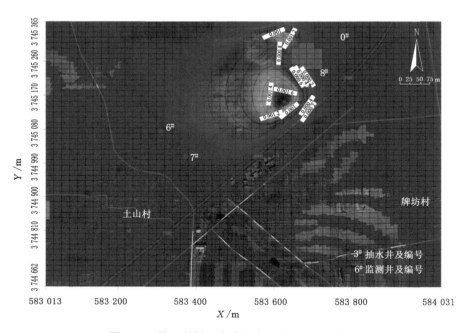

图 7-28　第一层粉土含水层中汞在 286 d 内分布

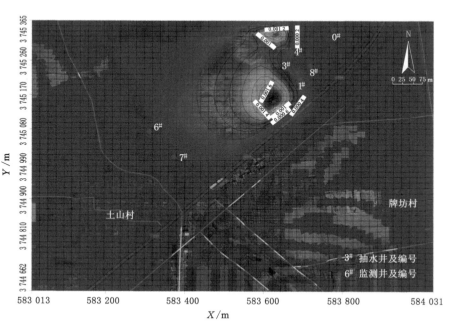

图 7-29　第三层粉土含水层中汞在 286 d 内分布

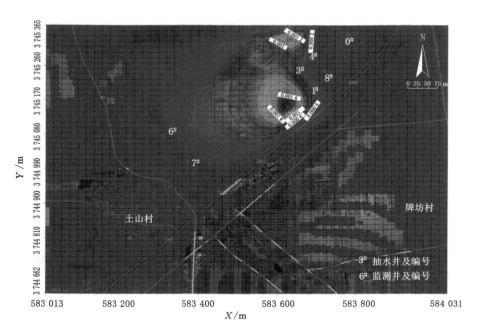

图 7-30　第五层粉土含水层中汞在 286 d 内分布

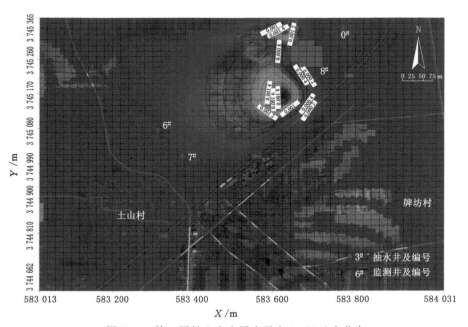

图 7-31　第一层粉土含水层中汞在 1 486 d 内分布

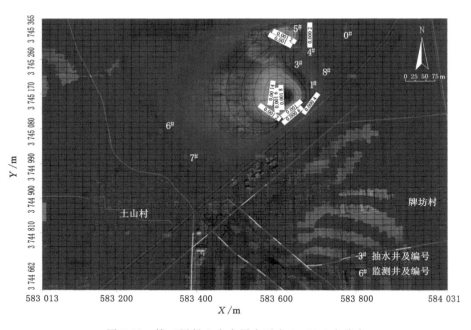

图 7-32　第三层粉土含水层中汞在 1 486 d 内分布

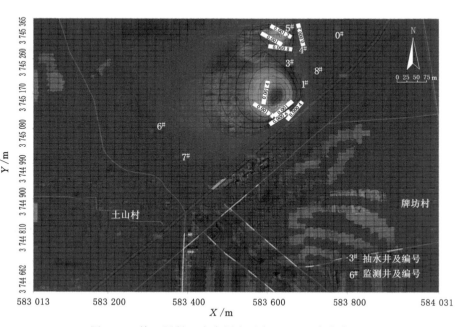

图 7-33　第五层粉土含水层中汞在 1 486 d 内分布

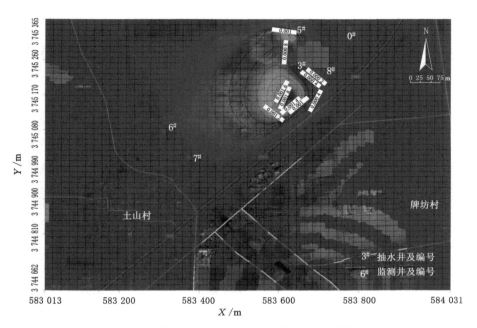

图 7-34　第一层粉土含水层中汞在 6 000 d 内分布

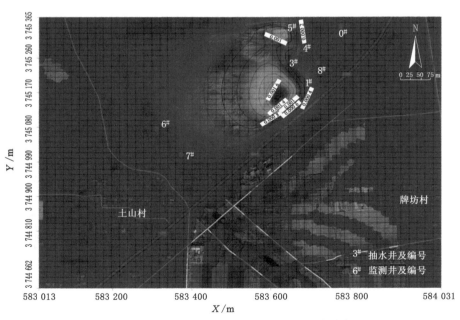

图 7-35　第三层粉土含水层中汞在 6 000 d 内分布

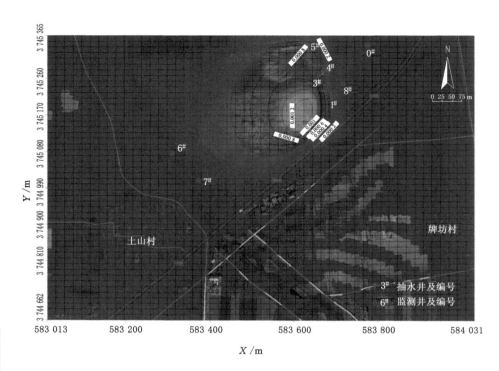

图 7-36 第五层粉土含水层中汞在 6 000 d 内分布

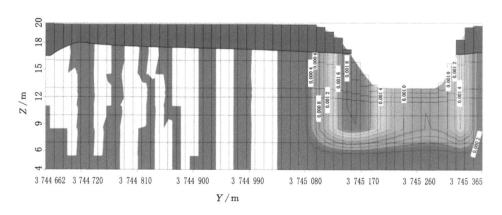

图 7-37 垂向上汞在 80 d 内分布

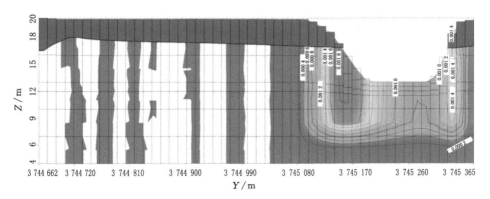

图 7-38　垂向上汞在 586 d 内分布

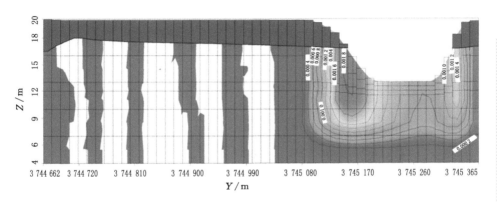

图 7-39　垂向上汞在 2 086 d 内分布

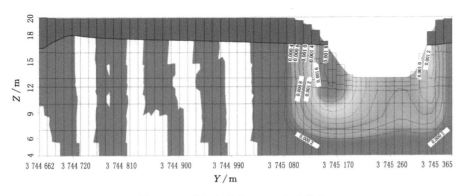

图 7-40　垂向上汞在 4 485 d 内分布

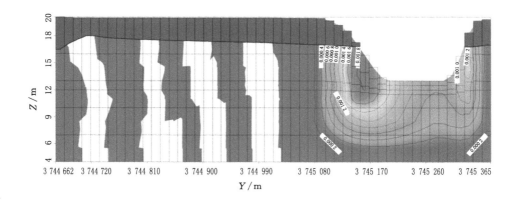

图 7-41　垂向上汞在 6 000 d 内分布

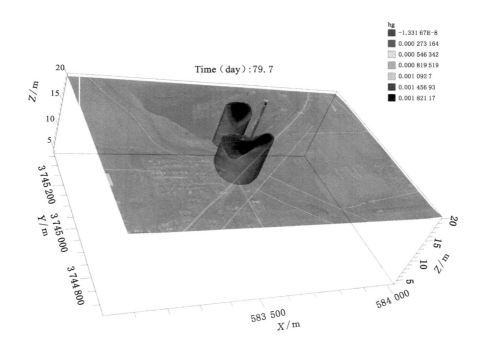

图 7-42　汞在 80 d 内三维浓度分布

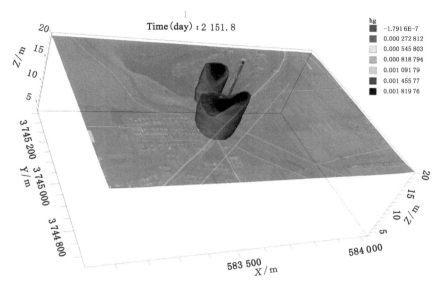

图 7-43　汞在 2 152 d 内三维浓度分布

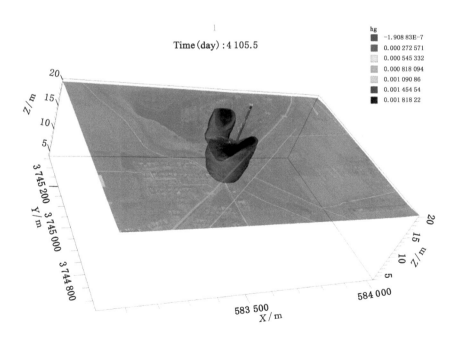

图 7-44　汞在 4 160 d 内三维浓度分布

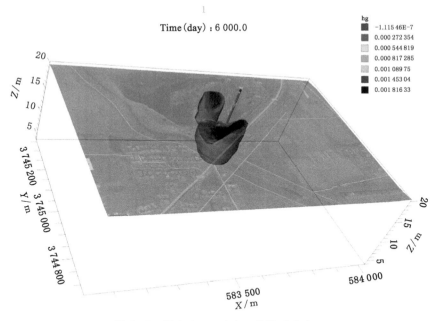

图 7-45　汞在 6 000 d 内三维浓度分布

（2）砷（图 7-46～图 7-49）

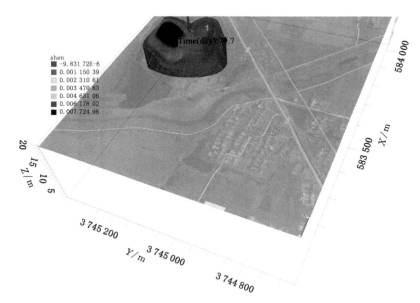

图 7-46　砷在 80 d 内三维浓度分布

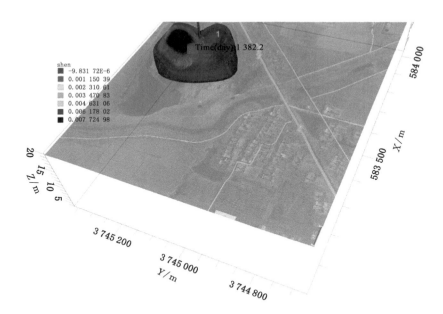

图 7-47　砷在 1 382 d 内三维浓度分布

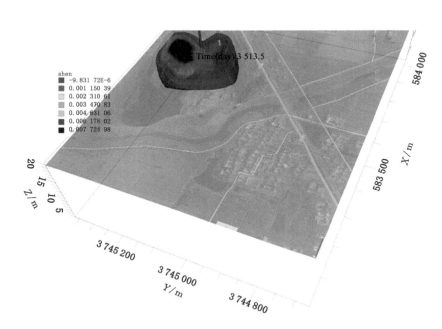

图 7-48　砷在 3 514 d 内三维浓度分布

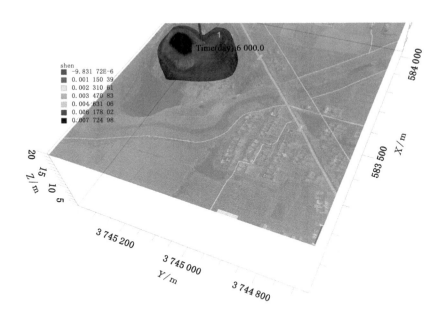

图 7-49 砷在 6 000 d 内三维浓度分布

（3）总铬（图 7-50～图 7-53）

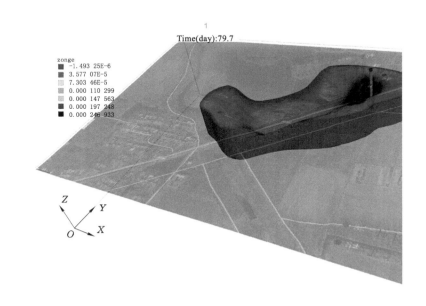

图 7-50 总铬在 80 d 内三维浓度分布

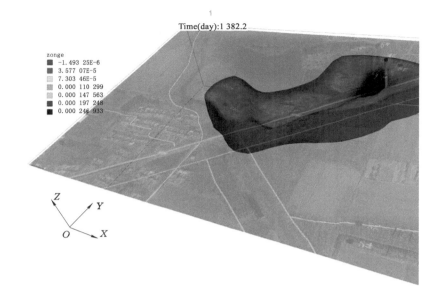

图 7-51　总铬在 1 382 d 内三维浓度分布

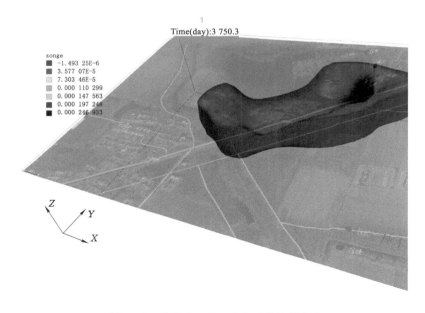

图 7-52　总铬在 3 750 d 内三维浓度分布

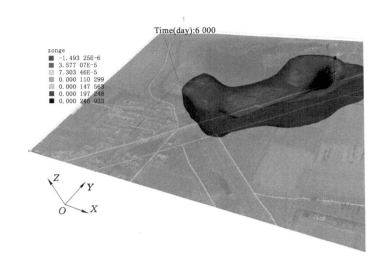

图 7-53　总铬在 6 000 d 内三维浓度分布

7.3.5.6　有机物 MT3DMS 数值模拟结果

用 MT3DMS 计算的地下水中甲苯、邻苯二甲酸二异丁酯、邻苯二甲酸二正丁酯、邻苯二甲酸二乙基己基酯浓度随着时间变化的三维等值面见图 7-54～图 7-70。

（1）甲苯（图 7-54～图 7-58）

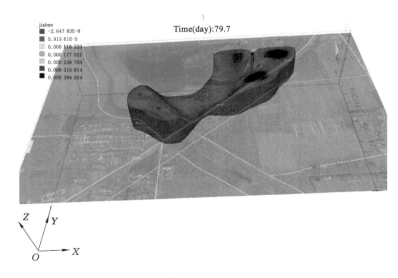

图 7-54　甲苯在 80 d 内三维浓度分布

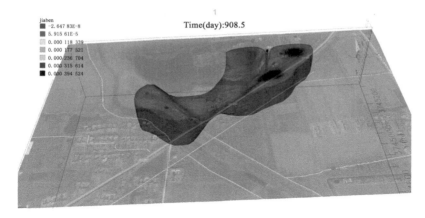

图 7-55 甲苯在 909 d 内三维浓度分布

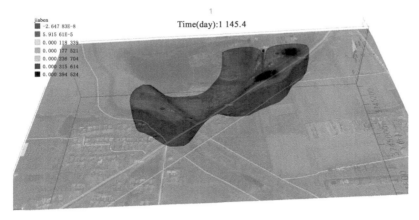

图 7-56 甲苯在 1 145 d 内三维浓度分布

第7章 垃圾渗滤液典型污染物在土壤-地下水中迁移的数值模拟

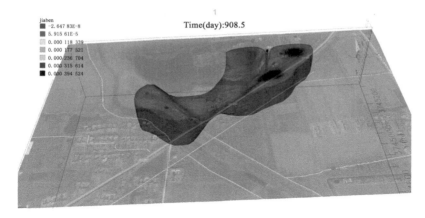

图 7-55 甲苯在 909 d 内三维浓度分布

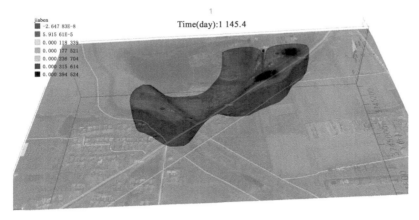

图 7-56 甲苯在 1 145 d 内三维浓度分布

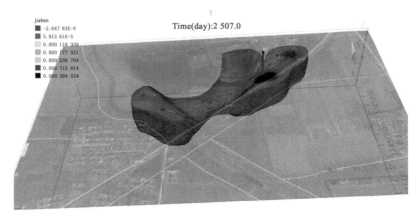

图 7-57 甲苯在 2 507 d 内三维浓度分布

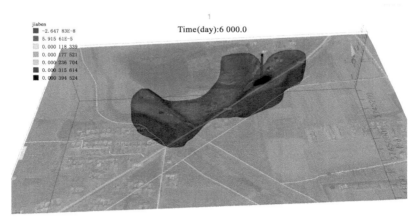

图 7-58 甲苯在 6 000 d 内三维浓度分布

（2）邻苯二甲酸二异丁酯（图 7-59～图 7-62）

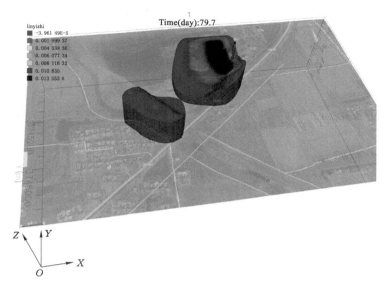

图 7-59　邻苯二甲酸二异丁酯在 80 d 内三维浓度分布

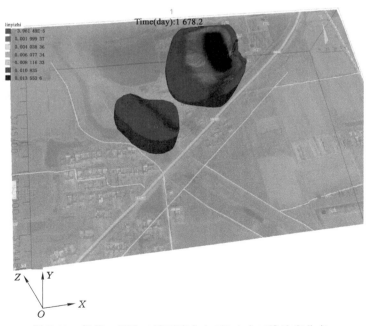

图 7-60　邻苯二甲酸二异丁酯在 1 678 d 内三维浓度分布

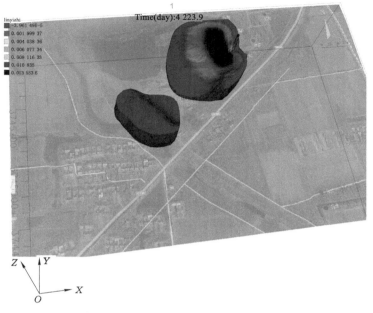

图 7-61　邻苯二甲酸二异丁酯在 4 224 d 内三维浓度分布

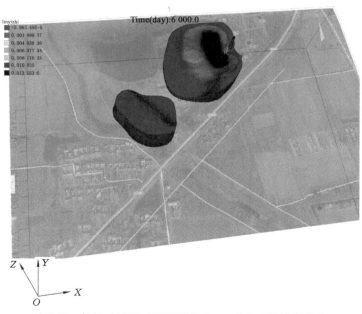

图 7-62　邻苯二甲酸二异丁酯在 6 000 d 内三维浓度分布

（3）邻苯二甲酸二正丁酯（图 7-63～图 7-66）

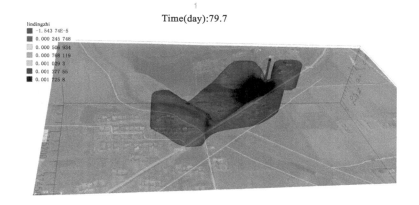

图 7-63　邻苯二甲酸二正丁酯在 80 d 内三维浓度分布

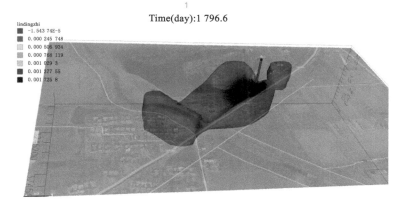

图 7-64　邻苯二甲酸二正丁酯在 1 797 d 内三维浓度分布

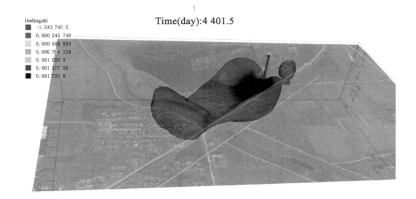

图 7-65　邻苯二甲酸二正丁酯在 4 402 d 内三维浓度分布

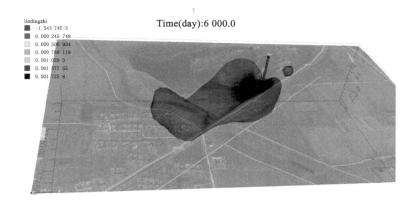

图 7-66　邻苯二甲酸二正丁酯在 6 000 d 内三维浓度分布

（4）邻苯二甲酸二乙基己基酯（图 7-67～图 7-70）

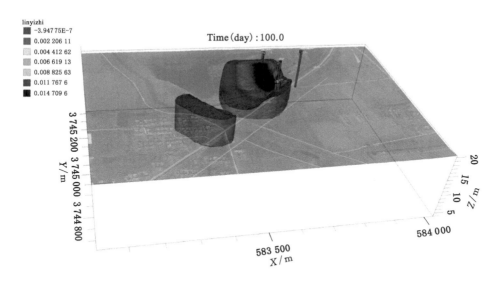

图 7-67 邻苯二甲酸二乙基己基酯在 100 d 内三维浓度分布

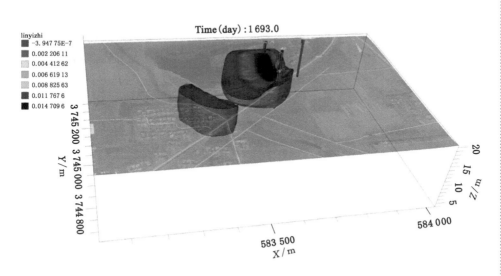

图 7-68 邻苯二甲酸二乙基己基酯在 1 693 d 内三维浓度分布

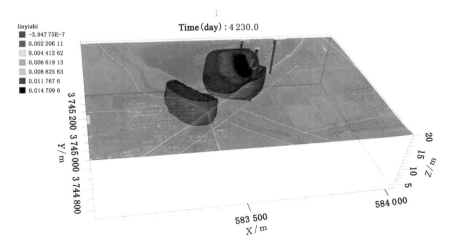

图 7-69　邻苯二甲酸二乙基己基酯在 4 230 d 内三维浓度分布

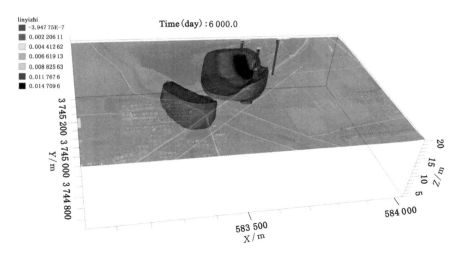

图 7-70　邻苯二甲酸二乙基己基酯在 6 000 d 内三维浓度分布

7.3.6　模拟结果分析

从上述模拟结果图可以看出，填埋场污染物由于受抽水、地表水分水岭等因素的控制，在 6 000 d 内不会对牌坊村、土山村地下水产生影响。

模拟结果显示污染物的迁移方向与地下水流向一致。污染物随着时间的推移浓度不断降低，但衰减的速度较慢，因污染羽的移动，有的低浓度地区的污染物浓度会短暂上升。在水平方向上，污染物流向 3$^\#$ 抽水井，相较之下，垂向上的迁移速度较慢,譬如汞,运移 6 000 d 垂向距离不超过 3 m。

地形及各向异性对污染物迁移也有较大的影响。3$^\#$抽水井在填埋坑东侧,其污染物降解速率要明显快于填埋坑南侧的 2$^\#$观测井污染物的降解速率。填埋坑低渗透性的防渗层阻断了 2$^\#$观测井污染物的水平迁移,而垂向上的渗透系数和弥散度都又低于水平方向的,因此增加了污染物的扩散路径,降低了其运移速率,使其降解缓慢。通过三维等值面图可以看出,填埋坑的地形落差及场地各向异性也是多数污染物上部衰减速率要慢于下部衰减速率的重要原因。

7.3.6.1 污染物对敏感点的影响

由图 7-25~图 7-70 可以看出,模拟期间 6 000 d 内,垃圾填埋场各类污染物的范围总体上未向外扩散,不会对敏感点牌坊村及土山村地下水造成影响。从图 7-22~图 7-24 可以看出,地下水水流在河流处形成分水岭,分水岭右侧地下水流动明显受到 3$^\#$抽水井的影响,向其汇集,也控制了污染物的对外扩散。

7.3.6.2 污染物迁移特征及其影响因素分析

在该模拟中,在 0$^\#$、2$^\#$、3$^\#$、5$^\#$均分别设置了水位、污染物观测井,每个井位上设置两层观测点,分别是第一层粉土含水层及第三层粉土含水层,水位观测井及污染物观测井处于同一位置上,共设置 8 个水位观测点及 8 个污染物观测点。污染物观测井跟踪了甲苯及汞的浓度变化情况。污染物观测井分布如图 7-71 所示。

图 7-71　污染物观测井分布图

（1）污染物变化的总体趋势

由于 3# 井的抽水影响，场地内污染物浓度的总体变化趋势是减小的（图 7-72），如图 7-54～图 7-58 甲苯在 6 000 d 内的浓度变化。

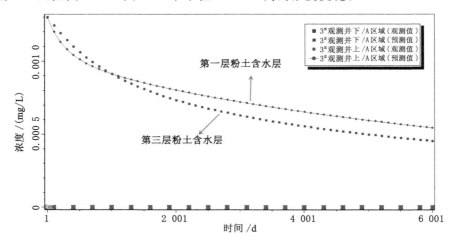

图 7-72　3# 观测井第一层与第三层粉土含水层中汞浓度随时间变化图

有的初始浓度较低的点随着高浓度水的过境也会发生浓度的升高，但是随着抽水的继续，浓度又会逐渐降低（图 7-73）。

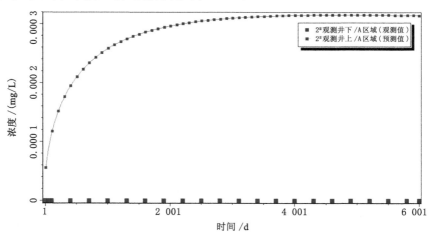

图 7-73　2# 观测井南部观测点地下水中汞浓度随时间变化图

此外，距离抽水井越近，在前期污染物的衰减越快，后期衰减速率逐渐平稳（图 7-74）。

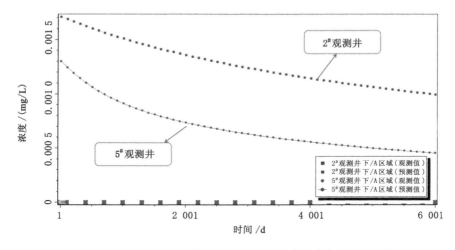

图 7-74　2#观测井与 5#观测井第一层粉土含水层中汞浓度随时间变化对比图

（2）污染物的水平迁移特征

污染物在水平方向的迁移受地下水流向及地形控制比较明显。如图7-45所示的等值面图,填埋坑处形成一个凹陷,填埋坑边坡的防渗层限制了在远离抽水井的填埋坑西侧、南侧的污染物水平迁移,使得污染物不得不先穿过渗透率更低的弱透水层,到达 7 m 以下含水层后才能继续水平向迁移,这增加了其运移距离,导致如 2#井监测点浓度衰减速率更低,同时也使得同一个井上部含水层的衰减要慢于下部(图 7-75)。

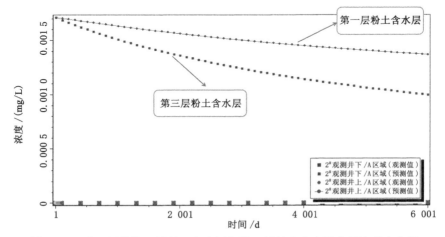

图 7-75　2#观测井第一层粉土含水层与第三层粉土含水层中汞浓度变化图

（3）污染物的垂向迁移特征

污染物在水平向迁移的同时，在垂向受到重力作用和水头压力差作用也发生迁移（图 7-37～图 7-41），因含水层及不透水层渗透系数低 1～2 个数量级，垂向迁移缓慢。以 2# 观测井汞为例，在 6 000 d 的模拟期内，其垂向迁移距离不超过 3 m，未穿越粉质黏土层。

7.3.6.3　不确定性分析

场地内地质层分布较为复杂，厚度不均，各向异性明显，缺少对西侧河流的长期水位观测资料，地下水及河水的补排关系无最新的研究资料。该模拟是在对现状的地质、水文地质条件概化的基础上进行的，而溶质运移模型的弥散度根据经验求得，这些都可能对模型预测的准确性产生一定的影响。

7.4　本章小结

本章模拟预测了垃圾渗滤液典型污染物在土壤-地下水中的迁移规律。

（1）Hydrus-1D 模拟结果表明：当邻苯二甲酸二乙基己基酯和邻苯二甲酸二正丁酯初始浓度分别为 160 $\mu g/L$ 和 90 $\mu g/L$ 时，不做防渗处理下，层 4 底部渗出液中邻苯二甲酸二乙基己基酯和邻苯二甲酸二正丁酯浓度分别于 390 d 和 330 d 时趋于稳定，1 825 d 后二者渗出浓度分别为 205 $\mu g/L$ 与 120 $\mu g/L$。做防渗处理下，层 4 底部渗出液中邻苯二甲酸二乙基己基酯和邻苯二甲酸二正丁酯浓度分别于 660 d 和 690 d 时趋于稳定，1 825 d 后二者的渗出浓度分别为 5.17 $\mu g/L$ 与 1.89 $\mu g/L$。

（2）Visual Modflow 模拟结果显示污染物的迁移方向与地下水流向一致。污染物随着时间的推移浓度不断降低，但衰减的速度较慢，因污染羽的移动，有的低浓度的地区污染物浓度会短暂上升。在水平向上，污染物流向垃圾填埋场地下水抽水井，相较之下，垂向上的迁移速度较慢，譬如汞，运移 6 000 d 垂向距离不超过 3 m，未穿越粉质黏土层。

地形及各向异性对污染物迁移也有较大的影响。抽水井在填埋坑东侧，东侧的污染物降解速率要明显快于填埋坑南侧的观测井污染物降解速率。填埋坑低渗透性的防渗层阻断了观测井污染物的水平迁移，而垂向上的渗透系数和弥散度都又低于水平向的，因此增加了污染物的扩散路径，降低了其运移速率，使其降解缓慢。通过三维等值面图可以看出，填埋坑的地形落差及场地各向异性也是多数污染物上部衰减速率要慢于下部衰减速率的重要原因。

在 6 000 d 的模拟期间,由于抽水、地表水分水岭等因素的控制,垃圾填埋场各类污染物的范围总体上未向外扩散,不会对敏感点牌坊村及土山村地下水造成影响。但模拟结果显示,有的初始浓度较低的点随着高浓度水的过境也会发生浓度的升高,如果填埋区封场后抽水停止,或该地区地下水位升高,污染物的对外扩散将失去主要控制,对该地区岩溶地下水的污染风险加剧,也可能影响周围敏感点地下水。

第8章 结论及建议

8.1 结论

　　本书主要对徐州岩溶地区不同使用年代、不同填埋特征、不同防渗措施垃圾填埋场垃圾渗滤液和地下水进行监测分析,重点研究岩溶地区垃圾填埋场地下水典型污染物时空分布规律,在此基础上,通过实验室土柱模拟和数值模拟技术研究典型垃圾填埋场典型污染物在地下水中的迁移演化规律,为垃圾填埋场特别是岩溶地区垃圾填埋场污染防治和监控预警提供理论和技术支持。主要结论如下:

　　(1)徐州市正规垃圾填埋场共计5处,垃圾总存量约为1 107万t;非正规垃圾填埋场约23处(其中市区约8处),垃圾填埋堆放量约为1 042万t。通过对徐州地区5座正规和2座非正规生活垃圾填埋场使用现状、填埋特征以及所在地区水文地质状况进行调查研究分析,认为徐州地区正规垃圾填埋场垃圾来源包括生活垃圾、建筑垃圾及部分工业垃圾,填埋前筛选处置不规范,无法实现卫生填埋减容及降低环境风险的目的,垃圾渗滤液仍为地下水污染重点风险源;非正规垃圾填埋场选址不合理。根据调查研究发现有2座非正规和1座正规生活垃圾填埋场位于岩溶地区。

　　(2)不同填埋龄垃圾渗滤液重金属含量总体随填埋龄增加而降低,但老垃圾填埋场渗滤液中 Mn 含量较高,新垃圾填埋场渗滤液中 Fe 含量较高,Mn、Fe 主要源自餐厨垃圾,说明餐厨垃圾污染物 Mn 的释放是一个长期过程;新垃圾渗滤液或新老混合垃圾渗滤液中 As、Tl、Cr、Ni、Sb、Ti、Fe、Mn 等金属污染物含量超出《地表水环境质量标准》(GB 3838—2002)中地表水 Ⅲ 类标准限值,最高超标倍数分别为 3.6 倍、6.6 倍、6.5 倍、10.0 倍、36.2 倍、2.6 倍、4.3 倍、4.3 倍,不同填埋龄垃圾填埋场渗滤液中 K、Na、Ca、Mg 4 种碱(土)金属元素含量均相对较高;渗滤液监测元素中约80%的金属污染物季节变化规律明显,主要受降水稀释的影响,丰水期含量远小于枯水期和平水期含量,枯水期和平水期含量变化较小。

睢宁、邳州、翠屏山 3 个垃圾填埋场地下水中 28 种金属元素除 Mn、Hg 超标外,其他元素含量均远小于标准限值,80% 以上的元素在睢宁县生活垃圾填埋场地下水中含量最高,可见垃圾填埋场地下水中污染物含量并不随填埋龄的增加而增加,人工防渗膜对部分金属污染物的防渗效果并不明显。

3 个垃圾填埋场共同典型有毒有害金属污染物为 Ba;邳州生活垃圾堆场典型有毒有害金属污染物为 As;翠屏山垃圾填埋场典型有毒有害金属污染物为 Tl 和 Co;睢宁县生活垃圾填埋场典型重金属污染物为 Hg、Mo 和 As。

典型垃圾填埋场(睢宁县生活垃圾填埋场)地下水中不同金属污染物季节分布规律不尽相同,但监测元素中 85% 以上金属元素在丰水期地下水中含量最低,其中 Al、Ti、Sr 等季节变化规律最明显,地下水中含量与降雨量呈负相关关系,丰水期含量最低,平水期含量次之,枯水期含量最高;监测元素中只有 Mo、Na、Mg、Ca 4 个污染物在丰水期含量最高,枯水期含量最低,说明该类污染物污染源相对较稳定或可能受地下水相应溶出影响;不同监测点地下水中 28 种金属元素含量均高于背景测点地下水中的含量,但不同监测点地下水中污染浓度最高的金属元素不同。

(3) 不同填埋龄垃圾渗滤液可检出的有机污染物不同。以睢宁县生活垃圾填埋场为代表的新垃圾渗滤液共检出有机物 48 种,其中 VOCs 35 种,可定量 VOCs 组分 11 种,其中甲苯含量高达 2 102 $\mu g/L$;以雁群生活垃圾填埋场为代表的新老垃圾渗滤液共检出有机物 45 种,其中 VOCs 33 种,可定量 VOCs 组分 12 种,其中苯酚含量(38 $\mu g/L$)远高于其在睢宁县生活垃圾填埋场和翠屏山垃圾填埋场垃圾渗滤液中的含量;以翠屏山垃圾填埋场为代表的老垃圾渗滤液共检出有机物 18 种,其中 VOCs 9 种,可定量 VOCs 组分 7 种,可定量 VOCs 种类较少且含量均远低于睢宁县生活垃圾填埋场和雁群生活垃圾填埋场的,说明老垃圾渗滤液中 VOCs 由于挥发或生化反应消解程度较高,含量大大降低。

雁群生活垃圾填埋场新老混合垃圾渗滤液中可检测到并可定量的 SVOCs 种类最多,睢宁县生活垃圾填埋场次之,翠屏山垃圾填埋场最少。但睢宁县生活垃圾填埋场垃圾渗滤液中可定量 SVOCs 的含量均相对较高,其中邻苯二甲酸二乙基己基酯含量最高,分别是其在雁群生活垃圾填埋场和翠屏山垃圾填埋场含量的 1.7 倍和 213 倍;邻苯二甲酸二正丁酯含量次之,分别是其在雁群生活垃圾填埋场和翠屏山垃圾填埋场垃圾渗滤液中含量的 3.3 倍和 30.4 倍。典型垃圾填埋场(睢宁县生活垃圾填埋场)渗滤液中邻苯二甲酸二乙基己基酯、邻苯二甲酸二正丁酯含量同《地表水环境质量标准》(GB 3838—2002)中地表水Ⅲ类标准相比,最高超标倍数分别为 21.3 倍、11.1 倍;季节含量差异较大,枯水期含量分别为丰水期含量的 22.4 倍和 4.4 倍、平水期含量的 15.2 倍和 3.6 倍,说明如果在长时间缺少降水稀释条件下，垃圾渗滤液中邻苯二甲酸二乙基己基酯和邻苯二甲酸二正丁酯消散性较弱，污染物浓度可能越聚越高。

典型垃圾填埋场（睢宁县生活垃圾填埋场）地下水中检测出有机污染物共计15种，其中14种为EPA重点优先控制污染物，主要为卤代脂肪烃、单环芳香族化合物、多环芳烃和肽酸酯类；可定量污染物共计7种，含量均未超《生活饮用水卫生标准》（GB 5749—2022）中相应标准限值，但其中二氯甲烷、甲苯、邻苯二甲酸二正丁酯、邻苯二甲酸二异丁酯、邻苯二甲酸二乙基己基酯在背景深水监测井（岩溶水）中和位于填埋场下游200 m农户家的测点地下水中均有不同程度检出，且下游200 m农户家中检测值均高于或等于背景深水井检测值，说明该垃圾填埋场附近浅层地下水及岩溶地下水已受到有机污染影响。该垃圾填埋场丰水期SVOCs的$\rho_{地下水}/\rho_{渗滤液}$值均最大，说明降水可携助有机污染物向地下水迁移；枯水期VOCs的$\rho_{地下水}/\rho_{渗滤液}$值均最大，这主要是由于徐州地区枯水期在冬季，气温较低，不利于VOCs向空气中挥发，而地下温度相对较高，有利于VOCs向下扩散进入地下水。

对睢宁、雁群和翠屏山3个垃圾填埋场地下水污染进行对比分析发现，填埋年代相对久远的翠屏山垃圾填埋场SVOCs含量均相对较高，使用年代相对较近的雁群和睢宁垃圾填埋场VOCs含量相对较高，说明VOCs由于易挥发，较容易随填埋场使用年代的增长、生化反应的影响自行消散，但SVOCs较不容易消散，甚至可能由于生化反应而富集，对地下水构成一定威胁，研究垃圾填埋场对地下水影响应重点关注SVOCs。对填埋使用年代相差不大的非岩溶地区雁群生活垃圾填埋场和岩溶地区睢宁县生活垃圾填埋场进行比较，发现位于岩溶地区的睢宁县生活垃圾填埋场地下水中肽酸酯类总含量较高，其中邻苯二甲酸二异丁酯和邻苯二甲酸二正丁酯的含量分别是其在雁群生活垃圾填埋场地下水中含量的14.7倍和3.9倍，说明该类污染物在岩溶地区更容易向地下水中迁移。

（4）垃圾填埋场附近土壤对渗滤液中的邻苯二甲酸二正丁酯具有更强的吸附能力，而对邻苯二甲酸二乙基己基酯的吸附能力较弱。在实验周期内，渗滤液中碱（土）金属元素并未发生穿透现象，出水中碱（土）金属元素主要来源于土壤中碱（土）金属元素的淋滤，受浓度差的影响，土壤胶体中吸附的Ca更容易被Na和K取代而发生脱附，进入水体中。此外，填埋场新覆土具有较高的可交换态阳离子浓度，出水中碱（土）金属元素的浓度相对较高。渗滤液中重金属在实验周期内并未出现穿透，仅土层中部分水溶性重金属随出水被淋滤出来。Tl、As、Cr、Fe等重金属元素大部分被土层吸附截留，最高吸附率分别为99.8%、99.6%、99.4%、99.1%，说明这些元素在短时间内不会进入地下水体并发生迁移。与实验室配水实验相比，垃圾渗滤液中含有的一些元素使土层对其重金属的吸附能力更强。值得注意的是，区域土壤中Tl、Sb两种元素的背景值较高，可能经淋滤进入水体,污染区域地下水环境。

(5) 睢宁县生活垃圾填埋场典型污染物在松散层中垂向迁移规律:受自然条件下大气降水影响,松散层经淋洗作用,底部邻苯二甲酸二乙基己基酯和邻苯二甲酸二正丁酯渗出浓度呈前期快速增长、后期归于稳定的趋势。在不做防渗处理的情况下,层 4 底部渗出液中的邻苯二甲酸二乙基己基酯于 390 d 时浓度趋于稳定,渗出浓度基本维持在 200 μg/L 水平;邻苯二甲酸二正丁酯于 330 d 时浓度趋于稳定,渗出浓度基本维持在 115 μg/L 水平。经计算得模拟期末二者渗出浓度分别为 204 μg/L 与 120 μg/L,且由于黏土层对污染物的蓄积作用,渗出浓度大于初始污染物浓度。在做防渗处理的情况下,层 4 底部渗出液中的邻苯二甲酸二乙基己基酯于 660 d 时浓度趋于稳定,渗出浓度基本维持在 5.18 μg/L 水平;邻苯二甲酸二正丁酯于 690 d 时浓度趋于稳定,渗出浓度基本维持在 1.88 μg/L 水平。经计算得模拟期末二者渗出浓度分别为 5.17 μg/L 与 1.89 μg/L,考虑到防渗层的防护作用以及土壤吸附作用,渗出浓度明显降低。但由于垃圾填埋场下常年稳定水位埋深约为 4.00 m,地下水位随季节变化幅度为 1.00 m 左右,因此垃圾渗滤液在垂向上将渗透层 3 与层 4 黏土层,进入含水层,造成地下水污染。

(6) Visual Modflow 模拟结果显示污染物的迁移方向与地下水流向一致。随着时间的推移,污染物浓度不断降低,但衰减的速度较慢,因污染羽的移动,有的低浓度的地区污染物浓度会短暂上升。在水平向上,污染物流向垃圾填埋场地下水抽水井,相较之下,垂向上的迁移速度较慢,譬如汞,运移 6 000 d 垂向距离不超过 3 m,未穿越粉质黏土层。

地形及各向异性对污染物迁移也有较大的影响。抽水井在填埋坑东侧,东侧的污染物降解速率要明显快于填埋坑南侧的观测井污染物降解速率。填埋坑低渗透性的防渗层阻断了观测井污染物的水平迁移,而垂向上的渗透系数和弥散度都又低于水平向,因此增加了污染物的扩散路径,降低了其运移速率,使其降解缓慢。通过三维等值面图可以看出,填埋坑的地形落差及场地各向异性也是多数污染物上部衰减速率要慢于下部衰减速率的重要原因。

在 6 000 d 模拟期间内,由于抽水、地表水分水岭等因素的控制,垃圾填埋场各类污染物的范围总体上未向外扩散,不会对敏感点牌坊村及土山村地下水造成影响。但模拟结果显示,有的初始浓度较低的点随着高浓度水的过境也会发生浓度的升高,随着垃圾填埋量的增多、填埋区封场后抽水停止,或该地区地下水位的抬高,污染物的对外扩散将失去主要控制,对该地区岩溶地下水的污染风险加剧,也可能影响周围敏感点地下水,给农业生产和周围居民身体健康带来较大危害。

8.2 建议

（1）要从根源上解决生活垃圾填埋场对地下水构成的威胁,首先应有政府政策上的引导和技术上的支持,国家应制定相应政策,限制一次性塑料制品的生产和使用,寻找绿色天然替代产品,减少有机污染,鼓励并资助生活垃圾分类投放,餐厨垃圾安排专业人员回收后加工成饲料,卫生间废纸直接送垃圾焚烧厂。

（2）建议将生活垃圾填埋场改造成生活垃圾处置厂,将污染源由地下搬到地上并向上发展,节约用地的同时将更有利于控制二次污染,在"家庭＋工业"筛选的基础上实现大部分生活垃圾资源化利用,确实无法再利用的热值高、污染小的送焚烧厂,现在技术无法再利用的残存垃圾压缩固化后打包堆放待利用,垃圾处置的同时严格控制垃圾渗滤液及臭气对周围环境的影响。

（3）建议地方政府或相关部门划拨专项经费,用于垃圾填埋场特别是岩溶地区垃圾填埋场周围地下水污染特别是有机污染特征监控预警系统建设,用于垃圾填埋场地下水污染物迁移、演化、防治等系统研究工作,以便为地下水污染防治提供技术支持。

参 考 文 献

[1] 刘晓星.非正规垃圾填埋场治理踌躇难进[N].中国环境报,2015-06-30(12).

[2] 徐州市国土资源局,江苏省地质调查研究院.徐州城市地质调查设计[R].徐州:徐州市国土资源局,江苏省地质调查研究院,2014.

[3] 王敬民,云松,徐文龙,等.我国生活垃圾卫生填埋场环境污染全面治理的整体解决方案[J].城市管理与科技,2009,11(4):24-27.

[4] 周德杰,刘锋,孙思修,等.固体废物中多环芳烃类化合物(PAHs)的浸出特性研究[J].环境科学研究,2005,18(增刊):31-35.

[5] 方艺民,许玉东.垃圾渗滤液中微量有机物分类及其污染特性[J].能源与环境,2013(5):103-104.

[6] LI G K,CHEN J Y,YAN W,et al.A comparison of the toxicity of landfill leachate exposure at the seed soaking and germination stages on Zea mays L.(maize)[J].Journal of environmental sciences,2017,55(5):206-213.

[7] 刘田,孙卫玲,倪晋仁,等.GC-MS法测定垃圾填埋场渗滤液中的有机污染物[J].四川环境,2007,26(2):1-5,10.

[8] 张鸿郭,陈迪云,罗定贵,等.垃圾填埋场渗滤液中有机与重金属污染物特征的研究[J].陕西科技大学学报,2009,27(1):86-89.

[9] 庞雅婕,刘长礼,裴丽欣.国内外垃圾渗滤液中有害有机污染物筛查综述[J].南水北调与水利科技,2013,11(2):104-107,146.

[10] 赵勇胜,洪梅,董军.城市垃圾填埋场地下环境污染及控制对策[J].长春工业大学学报(自然科学版),2007,28(增刊):136-141.

[11] 钱丽萍,赵士德,王逊.哈尔滨市区垃圾堆放场环境地质条件适宜性评价[J].地质科技情报,2005,24(4):79-82.

[12] 王翊虹,赵勇胜.北京北天堂地区城市垃圾填埋对地下水的污染[J].水文地质工程地质,2002(6):45-47,63.

[13] 张玉福,熊方毅,王志,等.垃圾场对地下水影响的研究[J].环境与健康杂志,1990,7(1):15-17,28.

[14] 姜月华,沈加林,王爱华,等.城市垃圾发展现状及其对生态地质环境的影

响[J].火山地质与矿产,2000,21(2):96-106.

[15] 龚娟.二妃山垃圾填埋场地下水环境质量浅析[J].环境科学与管理,2010,35(5):62-65.

[16] BATELAAN O, DE SMEDT F, TRIEST L. Regional groundwater discharge: phreatophyte mapping, groundwater modelling and impact analysis of land-use change[J]. Journal of hydrology, 2003, 275(1/2): 86-108.

[17] 罗定贵,张鸿郭,刘千红,等.城市生活垃圾填埋场水环境污染效应研究:以广州市李坑垃圾填埋场为例[J].北京大学学报(自然科学版),2009,45(5):868-874.

[18] 张岩.1,2,4-三氯苯在垃圾污染地下水中的迁移转化机理及其模拟预测研究:以开封市南郊芦花岗村垃圾填埋场为例[D].长春:吉林大学,2011.

[19] 贾陈忠,张彩香,刘松.垃圾渗滤液对周边水环境的有机污染影响:以武汉市金口垃圾填埋场为例[J].长江大学学报(自然科学版)理工,2012,9(5):22-25.

[20] 李斌.莱州市生活垃圾填埋场浅层地下水污染现状分析[J].地下水,2015,37(5):86-89.

[21] 亢宇,鲁安怀,周平,等.北京市六里屯垃圾填埋场的粘土矿物学特征及其对苯的吸附研究[J].中国非金属矿工业导刊,2004(1):34-37.

[22] 邓臣.垃圾填埋场邻苯二甲酸酯在包气带中迁移的模拟研究[D].广州:广州大学,2011.

[23] BLUMBERGA M. Risk assessment of the skede landfill in Liepaja, Latvia Stockholm[J]. Waste management & research, 2000, 89(6): 458-466.

[24] 徐州市环境保护科学研究所.睢宁县生活垃圾无害化卫生填埋场环境影响报告书[R].徐州:徐州市环境保护科学研究所,2009.

[25] 江苏省环境工程咨询中心.徐州市雁群生活垃圾卫生填埋场环境影响报告书[R].南京:江苏省环境工程咨询中心,2005.

[26] 徐州市环境保护科学研究所.沛县垃圾处置场二期工程项目环境影响报告书[R].徐州:徐州市环境保护科学研究所,2007.

[27] 中国气象科学研究院.丰县清洁卫生管理所丰县无公害垃圾填埋场扩建工程项目环境影响报告书[R].北京:中国气象科学研究院,2008.

[28] 蒋岸,高中方,倪宁.新沂市北马陵生活垃圾卫生填埋场工程设计[J].中国给水排水,2015,31(6):58-61.

垃圾填埋场地下水金属和有机污染特征及监控预警技术

[29] 蒋岸,高中方,倪宁.徐州市翠屏山垃圾填埋场封场设计[J].中国给水排水,2014,30(24):69-71.

[30] 徐州市环境保护科学研究所.邳州国原再生能源利用有限公司垃圾环保再生煤生产项目[R].徐州:徐州市环境保护科学研究所,2017.

[31] 周睿,赵勇胜,任何军,等.不同龄渗滤液及其在包气带中的迁移转化研究[J].环境工程学报,2008,2(9):1189-1193.

参考文献